善戰者不敗

《六韜》、《孫子兵法》、
《虎鈐經》、《三十六計》，
從先秦到明清，30 部中國兵書，
古代的戰爭生存之術

岳展騫，林之滿，蕭楓 編著

《鬼谷子》、《尉繚子》、《黃石公三略》、
《守城錄》、《陣紀》、《兵機要訣》、《武編》……

邀敵奇襲、將帥選拔、遊說諸侯、火攻總說，
為將 × 治國 × 勝敵之道，一本書匯集古人的軍事智慧！

目錄

一、先秦兵書

二、秦漢三國兵書

三、唐宋兵書

四、明清兵書

目錄

一、先秦兵書

《六韜》

《六韜》是中國古代著名兵書，宋代頒定的「武經」之一，舊題周呂尚撰。呂尚，字子牙，原姓姜，周人稱之為師尚父或太公望，為周初軍事家、謀略家。然而，「古未嘗有著述之事也」。就是說周初尚無出現個人著述，所以《隋書．經籍志》題「周文王師呂望撰」，顯係託名。它的真正作者已不可詳考。但是，根據《漢書．藝文志》將其列於道家類，「道家者流，蓋出於史官。歷記成敗、存亡、禍福、古今之道，然後知秉要執本」，和其內容「規模闊大，本末兼該」而又多史實記述等方面推測，它很可能出自後世史官們的手筆。

關於《六韜》的成書時間

由於原書作者姓氏失傳，對於它是不是一部先秦兵書乃至具體成書時間也就引起了後人的種種猜測。自北宋何去非首先提出對《六韜》懷疑之後，南宋葉適遂判其為偽書。此後，宋明以來的學者群起而應之，南宋的黃震，明代的宋濂、胡應麟、焦肱、張萱，清代的姚際恆、姚鼐，近代的梁啟超，現代的黃雲眉等均斷定《六韜》為偽書。究竟偽在何時，也有不同意見：一為周末說，「《六韜》言騎戰，其書當出於周末」；二為楚漢說，「今所傳《六韜》、《三略》，乃楚漢間好事者所補」；三為漢以後說，《六韜》為「漢以後人偽撰」；四為魏晉說，「考《漢志》有《六搜》，初不云出太公，蓋其書亡於東京之末，魏晉下談兵之士，掇拾剩餘為此，即《隋志》《六韜》也」。

一九七〇年代初分別在山東臨沂銀雀山漢墓和河北定縣漢墓南北兩地出土了竹簡本《六韜》和《太公》。據專家們考證，這兩座漢墓的埋葬時間，前者至遲在漢文帝即位之前（前一七九年），亦可能在秦楚之際（前二〇九至前二〇三年）；後者斷為漢宣帝王鳳三年（前五五年）。很顯然，簡書書寫年代應在埋葬之先，而成書年代又必定在書寫年代之前；既然埋葬年代為漢初或秦漢之際，那麼上述所謂秦漢以後偽撰的說法不攻自破，《六韜》為先秦兵書便確定無疑了。具體成書於先秦的哪個時期，這是漢簡所沒有解決的。近年發表了一些考據文章，主要有兩種意見：一是春秋說，認為《六韜》「著作的時代大抵在社會變革的春秋時代」；一是戰國說。比較看來，戰國說較合情理，其理由是：

❖《六韜》開始雜取儒、道、法、墨等家的思想，這種各家思想開始走向融合和統一的趨勢，只能發生在戰國以後，不可能在春秋之前。

❖《六韜．武韜．兵道十六》引有「黃帝曰」，黃帝的傳說最早出現於《左傳》、《國語》、《逸周書》，這三部古籍均為戰國時作品，儘管所依據的《六韜》資料可能會早一點，但黃帝的傳說流行卻在戰國尤其是戰國中期以後。所以，引用黃帝之言的書只能在戰國以後。

❖《六韜》中比較詳細地記述了騎兵部隊的編制、騎士的選拔和騎戰戰法，其最高戰術單位是二百騎，車騎比例是一比六或一比十，主要任務是邀敵、追擊、奇襲和騷擾敵人等。這些情況既不是春秋時期的情況，也不可能是漢以後的情況，因為漢時騎兵已躍居於諸兵種的首位，韓信破趙時用騎兵二千名；文帝時一次出征動用騎兵十萬名，車騎比例達一比一百。所以說《六韜》反映的騎戰只能是戰國時的情況。

❖《六韜》中的「避正殿」、「將相分職」、「萬乘之主」、「百萬之眾」等內容都反映了戰國時代的特點。

關於《六韜》的著錄

以往一般認為《漢志》無《六韜》，《隋志》始著錄；或謂《漢志·儒家類》之《周史六搜》即今本《六韜》，這是不正確的。《漢志》著錄有《六韜》，但無《六韜》之名，它包含於道家類《太公二百三十七篇》之中，即其中的《兵八十五篇》。《漢志·兵書類·兵權謀》下的註釋說「省伊尹、太公、管子、孫卿子、鶡冠子、蘇子、蒯通、陸賈、淮南王，二百五十九篇；出司馬法入禮也。」這就是說，太公的論兵著述已著錄於《太公二百三十七篇》之中，兵書類省略不錄。《六韜》係道家之流所為，內容亦多言道，《漢志》將其歸人道家類是理所當然的。《太公兵八十五篇》何時以《六韜》之名行世？有人據《莊子》中「從說之則以《金版六搜》」斷為戰國時已有《六韜》之名行世，看來證據不足。《史記》稱《太公兵法》，《漢志》稱《兵》，兩地出土的漢簡均有篇題名稱，而均未見《六韜》之名。現在所能見到的較早記載《六韜》之名的文獻是《後漢書》和《三國志》，其中有：「《太公六韜》有天子將兵事，可以威厭四方。」「善誦《太公六韜》。」「宜急讀《孫子》、《六韜》、《左傳》、《國語》及三史。」由此推知東漢以後《六韜》之名才開始流行，到唐魏徵等編《隋志》時首次在書目中著錄為《太公六韜》，後世相沿至今。

關於《六韜》的篇目

《漢志》著錄《兵八十五篇》，今本即宋代刪定的「武經」本《六韜》共六十篇，二者相差十五篇。現在所能看到的兩種漢簡本和唐寫本殘卷中的篇題和內容，即有與今本相同的，也有不同的。不同的篇題，如漢簡中的《葆啟》、《治國之道第六》、《以禮義為國第十》、《國有八禁第三十》，唐寫本中的《利人》、《趨舍》、《禮義》、《大失》、《動應》等。這些與今本不同的篇章內容當是六十篇之外的十五篇內容，或者為流傳過程中失傳，或者為宋朝廷頒定「武經」時刪掉。

今本《六韜》共六卷六十篇：

❖《文韜》：文師第一、盈虛第二、國務第三、大禮第四、明傳第五、六守第六、守土第七、守國第八、上賢第九、舉賢第十、賞罰第十一。

❖《**武韜**》：發啟第十二、文啟第十三、文伐第十四、順啟第十五、兵道第十六、三疑第十七。

❖《**龍韜**》：王翼第十八、論將第十九、選將第二十、主將第二十一、將威第二十二、勵軍第二十三、陰符第二十四、陰書第二十五、軍勢第二十六、奇兵第二十七、五音第二十八、兵徵第二十九、農器第三十。

❖《**虎韜**》：軍用第三十一、三陣第三十二、疾戰第三十三、必出第三十四、軍略第三十五、臨境第三十六、動靜第三十七、金鼓第三十八、絕道第三十九、略地第四十、火戰第四十一、壘虛第四十二。

❖《**豹韜**》：林戰第四十三、突戰第四十四、敵強第四十五、敵武第四十六、烏雲山兵第四十七、烏雲澤兵第四十八、少眾第四十九、分險第五十。

❖《**犬韜**》：分闔第五十一、武鋒第五十二、練士第五十三、教戰第五十四、均兵第五十五、武車士第五十六、武騎士第五十七、戰車第五十八、戰騎第五十九、戰步第六十。

《六韜》的價值

《六韜》「規模闊大，本末兼該」，內容非常豐富。《文韜》主要討論了治國用人的政治策略；《武韜》著重論述了如何用兵的軍事策略；《龍韜》闡述了軍隊的組織、獎懲、將帥的選拔和修養、軍事祕密通訊、奇兵的運用、偵伺敵軍的方法以及兵農合一的思想；《虎韜》主要討論了各種特殊天候、地形及其他不利條件情況下的進攻和防禦戰術，並記述了古代武器裝備的種類、形制、配置、作用和一般布陣原則；《豹韜》主要講述森林、山地、河流、險隘地區作戰和防敵突襲、夜襲以及遭遇戰的戰術。《犬韜》主要論述了軍隊的指揮調動，擊敵時機，練兵方法，步、車、騎兵的組織、協同和各自的戰法。

《六韜》繼承了它以前的兵家的優秀思想，又兼採諸子之長，所以思想內容很豐富。在政治策略思想方面主張「同天下」、「天下同利」，反覆強調「天下非一人之天下，乃天下人之天下」，「同天下之利者則得天下，擅天下之利者則失天下」；「重民」、「利民」，認為天下是屬於民眾的，因此「取天下」必須得到民眾的擁護，強調「國之大務」在於「愛民」，要使「萬民富樂而無飢寒之色」；「善於不爭」，「削心約志」，其實質是輕徭薄賦，要求君主清靜寡慾，不與民爭利，「無取民者，民利之」，最後達到「取民」的目的；「上賢下不肖」，認為「上賢下不肖」是治國之要道，具體闡述了舉賢的標準和方法，明確指出了不能重用的十三種奸人，即「六賊七害」；「賞罰必信」，認為「凡用賞者貴信，用罰者貴必」，提出了「殺貴大，賞貴小」的重要原則。

在軍事方面，主張「伐亂禁暴」，「上戰無與戰」，強調「知己知彼」，「密察敵人之機」，「形人而我無形」，「先見弱於敵」。要求戰爭指導者「行無窮之變，圖不測之利」，機動靈活地運用各種策略戰術。它認為作戰中最重要的是奇正變化，「不能分移，不可語奇」。對於攻城它認為最好的辦法是圍困打援，迫敵投降。它重視地形、天候對戰術的影響。總結了步、車、騎兵種各自的戰法及諸兵種的協同戰術。它重視部隊的編制和裝備，詳細記述了古代司令部的人員組成和各自的職責，提出了因士兵之所長分別進行編隊的原則。它認為「凡三軍有大事，莫不習用器械」，詳細記述了古代武器裝備的形制和戰鬥性能。重視軍中祕密通訊，記述了古代軍中祕密通信的方式方法。它還重視將帥修養和選拔，認為「社稷安危，一在將軍」，要求將帥不僅要諳熟策略戰術、知進退攻守、出奇制勝的謀略，而且要懂得治亂興衰之道，要能與士卒同甘苦，共安危，並提出了考察將帥的八條辦法，即所謂「八徵」。

在軍事哲理方面，《六韜》具有樸素的唯物主義思想。它一方面反對巫祝卜筮迷信活動，把它列為必須禁止的「七害」之一，另一方面又主張用天命鬼神去迷惑敵人，「依託鬼神，以惑眾心」。它具有樸素的辯證法思想，初步認識到了矛盾的對立和轉化，提出了「極反其常」的重要辯證法命題，是對古代辯證法思想的重要貢獻。它的許多軍事思想都是建立在這一思想基礎之上的，如「夫存者非存，在於慮亡；樂者非樂，在於慮殃」，「大智不智，大謀不謀，大勇不勇，大利不利」，「太強以折，太張必缺，攻強以強」；「無取於民者，取民者也」等等。

《六韜》在國外頗受重視。日本戰國時代的足利學校（武將顧問資格的養成所）就曾把《六韜》與《三略》定為該校的主要教科書。據有關書目記載日本研究譯解《六韜》的著作也有三十多種。西方第一次翻譯的中國兵書共四種，合稱《中國軍事藝術》於一七七二年在法國巴黎出版，《六韜》就是其中一種。此外朝鮮、越南等鄰國也相繼出版和翻譯了《六韜》。

《六韜》是宋代頒定的《武經七書》之一，是先秦兵書中集大成之作，受到歷代兵家的重視，曾被譯成西夏文，在少數民族中流傳。它不僅文武齊備，在政治和軍事理論方面往往發前人所未發，而且保存了豐富的古代軍事史料，如編制、兵器和通訊方式等。它具有重要的理論價值和史料價值。

《六韜》也有許多糟粕，如《兵徵》中的「望氣」是一種迷信方術；《文師》中的「釣餌」之術表現了剝削階級的偏見；「明主」、「賢將」決定社會發展，是唯心史觀的反映，等等。

《六韜》的版本源流比較複雜，各本內容互有異同，從現存版本看，大致有以下四個系統：

❖ 竹簡本，即山東臨沂銀雀山漢墓出土的《六韜》殘簡和河北定縣漢墓出土的《太公》殘簡，這是現存最早的版本。前者已整理出來，有文物出版社鉛印本。

❖ 唐寫本，即敦煌唐卷子本《六韜》殘卷，共存二百〇一行（其中一行只殘存半個字），二十個篇目。原件藏法國巴黎國會圖書館，北京圖書館有縮微膠卷。這是現存最早的紙寫本《六韜》。

❖ 《群書治要》本，是唐魏徵給唐太宗編的摘要本，只有文韜、武韜、龍韜、虎韜、犬韜的內容，未列子目，亦未收豹韜。以上三個系統都程度不同的保存了一些不見於今本的佚篇或佚文。

❖《武經七書》本，初刻於北宋元豐三年（一〇八〇），現存有南宋孝宗、光宗年間的刊本，藏日本靜嘉堂文庫，是現存最早的刊本，現在流通有其影印本即《續古逸叢書》本。明清以來眾多的叢書本及其註釋本、白文本，大都屬於這個系統的版本。

《陰符經》

《陰符經》又稱《黃帝陰符經》。舊題黃帝撰，伊尹、太公、范蠡、鬼谷子、張良、諸葛亮等注。此書出現於唐代，最早記載見於唐歐陽詢的《藝文類聚．木部》；最早著錄見於《新唐書．藝文志》。但它的作者及成書時代有各種不同的說法，至今尚屬懸案。關於作者主要有如下幾種意見：黃帝撰、戰國山林之士撰、晉楊羲撰、北魏寇謙之撰、唐李筌撰。關於成書時代主要有商末說、周末說、戰國說、戰國末說、東漢末說、晉說、北魏說、唐說等。近年學術界對此也進行了較深入的探討，較有代表性的主要有兩家，一是王明的東晉說，認為成書於東晉以後，約在西元五三一年至五八〇年期間；二是李養正的戰國末年說，認為此書是以黃老學說為理論基點，在政治、軍事思想方面的運用和發揮，是戰國時期激烈的鬥爭形勢在哲學思想上的反映，它可能成書於戰國末期。

《陰符經》，自李筌始為其作注以後，歷朝為其作注的都很多，宋鄭樵《通志》著錄的各種本子有三十九部，明《道藏》中注本有二十四種，明代呂坤說：「自有《陰符》以來，注者不啻百家」，到清便更多了。有的從道家、兵家角度註解，也有的從儒家、佛家、縱橫家、醫家、陰陽家、道教等角度註解。所以，古籍書目中往往道家、兵家等類同時收錄此書。

《陰符經》一卷，共分三章（一本作上、中、下三篇）：一、《神仙抱一演道章》；二、《富國安民演法章》；三、《強兵戰勝演術章》。第一章主要內容是論說天道與人事、政治的關係。第二章主要內容是闡述以自然天道為法則，乃可富國安民的道理。第三章主要內容是論兵的，講主事專一精神；守時發機；不為聲色所擾；以正治國，以奇用兵，以無事取天下；明了事物變化之理，掌握應變之術，天道、人事相參驗，隨機應變等。

《陰符經》是一部論述王政和軍事的著作。本文僅對其軍事思想作一簡單介紹。書名「陰符」概括了全書思想內容的核心。什麼叫「陰符」，李筌解釋說：「陰，暗也。符，合也。天機暗合於行事之機，故曰陰符」。意思是政治和軍事鬥爭的策略計謀必須暗合於自然天道。它認為統治者處理政事、指揮打仗要仰觀天象、掌握日、月、星、辰運行的規律，「觀天之道，執天之行，盡矣」；要「知之修練」，修德練武，內辨忠奸，外禦強敵，國家便可鞏固。它認為用兵若能做到精力專一，用己之長，就能事半功倍。指出：「瞽者善聽，聾者善視。絕利一源，用師十倍；三反晝夜，用師萬倍。」這是借瞽聾之短長比喻用兵也要培養自己的長處，揚長避短，便可獲十倍甚至萬倍之利。它主張以正守國，以奇用兵。「天之無恩，而大恩生」，對國家實行無為而治。而用兵必須以奇取勝，「迅雷烈風，莫不蠢然」，意思是陰陽激博而生迅雷烈風，其勢猛烈，萬物莫不驚懼而蠢然若呆。這是用自然界的聲勢來比喻以奇用兵之勢。它還主張要正確使用恩賞。認為「恩生於害，害生於恩」，意思是說有感恩戴德的君子，也有以怨報德的小人。因此，對於恩賞要慎重，君主賞不可妄行，恩不可妄施。

《陰符經》在哲學上的成就是較為突出的。它以自然天道觀否定了天命論；在社會變化動因上，既肯定了「天道」的影響，也注意到了人的作用，提出了「天人合發」的論點；包含有樸素的辯證法思想，認為變與定、巧與拙、生與死、恩與害等，無不相反相成，相互依存而又相互轉化。

歷史上對《陰符經》的評價有毀有譽，但大都失之偏頗。我們既不同意把它神祕化，也不同意把它貶得一無是處。它在中國古代哲學思想史和軍事思想史上應該占有一定的地位。它對後世的影響也是不可低估的，如唐代李筌、明代呂坤等進步思想家就受過很大影響，李筌《太白陰經》中的唯物主義自然觀和軍事辯證法就源於《陰符經》的天道觀和樸素辯證法思想。

《陰符經》行世後為其作注和翻刻者日漸增多，出現了三百字本、四百三十七字本等內容有差異的不同版本。注本中以唐李筌、張果；南宋朱熹、俞琰等注最有影響。現存各注本大都被收進叢書，比較重要的有：道藏本、四庫全書本、廣漢魏叢書本、說郛本、增訂漢魏叢書本、子書百家本、宛委別藏本、墨海金壺本、道書全集本、兵垣四編本等。另外也有單行本行世，如清乾隆壬辰（一七七二）年林笏堂刻本、清道光壬寅（一八四二）年靜觀堂刊本、清光緒丙申（一八九六）年大梁奇文齋重刻本等等。

《鬼谷子》

鬼谷子是戰國時期極富傳奇色彩的人物。其真實姓名、生卒年月、生平事跡均不可考。因隱居於鬼谷，故自號鬼谷先生。後人因以鬼谷子相稱。相傳，戰國中期的軍事家孫臏、龐涓，後期的縱橫家張儀、蘇秦都曾是鬼谷子的學生。然孫、龐之於張、蘇，生活年代相去約百年，似不可能從師於同一人。

《鬼谷子》一書，不見於《漢書·藝文志》，自《隋書·經籍志》始見署量。歷代題為鬼谷子撰的著述達二十餘種，然皆為偽托之作。至於《鬼谷子》一書，比較可信的說法是，該書主要為戰國晚期以後的縱橫家所著，其中不排除依據鬼谷子言論的可能。

今本《鬼谷子》共十六篇，篇目依次為：捭闔第一、反應第二、內楗第三、抵巇第四、飛鉗第五、忤合第六、揣篇第七、摩篇第八、權篇第九、謀篇第十、決篇第十一、符言第十二、轉丸第十三、勝箧第十四、本經陰符七術和中經。現在主要版本有：明正統道藏本、清四庫全書本、乾隆五十五年江都秦氏刊本、嘉慶十年江都秦氏刊本、清《百子全書》本等。《鬼谷子》雖非一部純粹的軍事著作，但它立足於戰國中、後期軍事外交鬥爭的實際，所述多為縱橫捭闔、遊說諸侯的方法和策略，因而對中國古代聯盟策略和外交鬥爭思想的發展具有重要的理論意義和實踐價值。

《孫子兵法》

《孫子兵法》，孫武撰。孫武字長卿，春秋末年齊國人，生卒年月未見史載，約與孔丘同時期。他是陳國公子完的後裔，陳完因內亂逃奔齊國，並改姓陳為田。田完的五世孫、孫武的祖父田書因「伐莒有功，景公賜姓孫氏，食采樂安（今山東惠民）」。後來，因齊國政局動盪不安，孫武由齊國到了吳國。經伍子胥引薦，以自著兵法十三篇晉見吳王闔廬，得到吳王的重用，任為將軍，幫助吳王經國治軍，「西破強楚，入郢；北威齊晉，顯名諸侯，孫子與有力焉。」《孫子兵法》竹簡《孫子兵法》又稱《孫武兵法》、《吳孫子兵法》，簡稱《孫子》，是中國古代最著名的兵書，也是現存最早的一部兵書，宋代朝廷頒定的「武經七書」之一。它係由孫武草創，後經其門弟子整理而成，約成書於春秋戰國之交，原書十三篇。《孫子兵法》在戰國末期和漢初已很流行，當時流行的就是「十三篇」文本，「世俗所稱師旅，皆道《孫子》十三篇。」到漢成帝時，任宏論次兵書，定著《吳孫子兵法八十二篇，圖九卷》。根據山東銀雀山西漢墓發掘出的竹簡《孫子兵法》和青海大通縣上孫家寨一一五號西漢墓發掘出的木簡《孫子兵法》佚文，以及流傳至今的《史記．孫吳列傳》，均有「十三篇」的記載，說明「十三篇」是《孫子兵法》的本文。「十三篇」之外的六十九篇和圖九卷可能是後人附益的內容。東漢末年，曹操刪去了附益的部分，專為「十三篇」作注，恢復了「十三篇」的本來面目，使「十三篇」得以完整地流傳至今。其他六十九篇和圖九卷先後佚失。但從銀雀山漢墓竹簡和上孫家寨漢墓木簡的《孫子》佚文以及散見在史書、類書中的《孫子》佚文看，《吳孫子兵法八十二篇，圖九卷》也確實存世過，任宏、班固的著錄是有根據的。

今存《孫子兵法》約五千九百字，共十三篇「孫子」石碑：

第一《計篇》，主要論述研究和謀劃戰爭的重要性，透過策略運籌和主觀指導能力的分析，以求得對戰爭勝負的預見，提出了「五事」「七計」、「兵者，詭道也」、「攻其無備，出其不意」等軍事原則；第二《作戰篇》，主要討論物力、財力、人力與戰爭的關係，提出了「兵貴勝，不貴久」的速勝思想和「因糧於敵」的原則；第三《謀攻篇》，主要論述「上兵伐謀」的「全勝」思想，揭示了「知彼知己，百戰不殆」的著名軍事規律；第四《形篇》，主要論述戰爭必須具備客觀物質力量即軍事實力，中心講「先為不可勝，以待敵之可勝」；第五《勢篇》，主要論述在軍事實力的基礎上，如何正確實行作戰指揮問題，透過靈活地變換戰術和正確地使用兵力，造成銳不可當的有利態勢；第六《虛實篇》，主要論述作戰指揮中要「避實擊虛」、「攻其必救」、「因敵而制勝」，中心講用「示形」欺騙敵人，調動敵人而不被敵人所調動；第七《軍爭篇》，主要論述爭取戰場主動權的問題，提出了「兵以詐立，以利動，以分合為變」，

「避其銳氣，擊其惰歸」的軍事原則；第八《九變篇》，主要論述根據各種戰場情況靈活運用軍事原則的問題，提出了「必雜於利害」、「君命有所不受」的思想；第九《行軍篇》，主要論述行軍、宿營和作戰的組織指揮及利用地形地物、偵察判斷敵情的問題；第十《地形篇》，主要論述地形的種類與作戰的關係及在不同地形條件下的行動原則，還提出了「視卒如愛子」的觀點；第十一《九地篇》，主要論述九種不同作戰地區及其用兵原則，提出了「兵之情主速，乘人之不及，由不虞之道，攻其所不戒」的突然襲擊的作戰思想；第十二《火攻篇》，主要論述火攻的種類、條件和實施方法；第十三《用間篇》，從策略的高度論述了使用間諜的重要性及其各種間諜的使用方法，提出先知敵情「不可取於鬼神」，「必取於人」的樸素唯物主義觀點。

《孫子兵法》詞約意豐，內容博大精深，揭不同版本的《孫子兵法》示了戰爭的一些一般規律。在軍事哲理方面，具有樸素的唯物論和辯證法思想，它十分強調政治、經濟在戰爭中的作用；貫穿於全書始終的「知彼知己，百戰不殆」的思想，至今仍是科學真理；它重視人事，反對天命，不信鬼神；它含有弱生於強、強生於弱的矛盾轉化思想、「在利思害，在害思利」的辯證分析的思想、「兵無常勢」的發展變化思想等。在策略戰術方面，它重視策略謀劃，反對輕易用兵，主張「慎戰」、「全勝」，「不戰而屈人之兵」；它把策略的內容歸納為「道、天、地、將、法」五個要素，並指出將帥只有深刻了解、確實掌握這五個策略要素，才能夠打勝仗；它強調戰術的靈活性，提出「兵無常勢」，「踐墨隨敵以決戰事」，「因敵而制勝」，要根據不同的時間、地點、作戰對象等而採取不同的打法；要「致人而不致於人」等。在軍隊建設方面，非常重視和強調將帥的地位和作用，把具有「智、信、仁、勇、嚴」五個條件的將，看作是決定戰爭勝敗的五個策略要素之一；主張文武兼施，刑賞並重，以法制原則治理軍隊等。當然，《孫子兵法》也存有糟粕，如在認識論、方法論方面，夾有某些唯心論和形而上學的成分；在歷史觀方面過分誇大將帥的作用，提倡愚兵政策等，都是應該進行批評的。

《孫子兵法》在唐朝時傳到日本，十八世紀傳清版《孫子兵法》書影到了歐洲，相繼出現了法、英、德、俄等譯本，目前世界各國大都有自己的譯本。《孫子兵法》被推崇為「兵學聖典」、「東方兵學的鼻祖」、「武經的冠冕」，在世界軍事史上占有突出的地位。

《孫子兵法》飲譽千年，傳抄翻刻者歷代不斷，自曹操開注《孫子》先河之後，更是注家蜂起，產生了眾多的版本，有抄本、印本、紙本、竹簡本、白文本、註解本、單行本、叢書本、漢文本、少數民族文本（如滿文本、西夏文本）等。據現存有關書目粗略統計，中國歷代註解批校《孫子》者有二百一十家，各種版本近四百種。

現存最早的版本是銀雀山漢墓竹簡本《孫子兵法》，漢初抄本，惜為殘簡，經銀雀山漢墓竹簡整理小組整理，中國的文物出版社一九七五年出版校注、註釋本，一九七六年出版釋文本，戰士出版社一九七六年翻印文物出版社一九七六年本。

現存最早的刻本是南宋孝宗光宗年間的《武經七書》本和南宋寧宗年間的《十一家注孫子》本。宋刊《武經七書》現藏日本靜嘉堂。此本為白文本，版心有刻工姓名，書前鈐宋「禮部圖書」九疊篆朱文大長印，卷首鈐「汪士鐘印」，「郁松年印」，「泰峰」三印。目前通行的版本是一九三五年上海商務印書館採用中華學藝社借照靜嘉堂藏本膠片影印出版的《續古逸叢書》本。宋刊《十一家注孫子》存世有三部，北京圖書館藏有一部足本和一部殘本。足本書尾有承德堂牌記，鈐「鐘溪鑑賞」、「岳飛之章」、「戎馬書生」、「周暹」、「高山流水」五印。殘本僅存卷下一冊，鈐「攜李」、「項子京家珍藏」、「稽瑞樓」、「文瑞文勤兩世手澤同和敬守」、「常熟翁同龢藏本」、「翁斌孫印」六印。上海圖書館藏本，卷首和卷尾鈐「袁氏珍藏圖書」、「袁坡」、「長安子孫」、「季振宜印」、「滄葦」、「崑山徐氏家藏」、「天祿繼鑑」、「乾隆御覽之寶」八印。其中上卷、中卷和《孫子本傳》共缺二十五頁，中國中華書局上海編輯所一九六一年據此本影印和排印，並用北京圖書館藏本補全。

現存最早的《孫子》單注本是影宋本《魏武帝《孫子兵法》注孫子》，在清孫星衍《平津館叢書》卷一《孫吳司馬法》之內。此本書中避諱至「慎」字，原本當是南宋孝宗刊本。原本今不得見，摹本出自顧廣圻（字千里）之手，酷像原本。此本當是宋元豐年間編輯《武經七書》時所收錄的曹注《孫子》。

現存最早的少數民族文字本是西夏文本。今存僅有一百〇二頁。臺灣《書目季刊》第十五卷第二期載有此本影印件。

宋以後，《孫子》的版本很多，但大體上都是從《武經七書》本、《十一家注孫子》本和《魏武帝注孫子》這三種版本演化而來，其中尤以《武經七書》本為最多。

《吳子》

《吳子》是中國古代著名兵書，宋代頒定的「武經」之一。吳起撰。吳起，戰國時衛國（今山東曹縣北）人，生年不詳，卒於西元前三八一年。吳起重名輕利，敢於改革，善於用兵，是戰國時期著名的軍事家、政治家和兵法家。他初拜曾參為師，勤於學業，後因母死不歸，被曾參所逐，遂棄儒學武，研讀兵法，被任為魯將，大破齊國。繼任魏將，「擊秦，拔五城」，屢立戰功，被魏文侯任為西河守，以拒秦、韓。文侯死，遭陷害，逃奔楚國，初為宛（今河南南陽）守，不久被任為令尹（楚國最高的官職，掌軍政大權），輔佐楚悼王進行變法。「明法審令」、「要在強兵」，促進了楚國的富強，曾「南平百越；北併陳、蔡，卻三晉；西伐秦。」楚悼王死，吳起遂被舊貴族殺害。

《吳子》成書於戰國時期，宋以前沒有人提出疑問，明清以後，學者以書中所載「四獸」和「笳笛」非戰國時所有為由而斷為西漢或六朝時人偽托之作。據考，戰國時期已有「四獸」之說，軍中已出現「笳笛」；戰國末期《吳子》就已廣為流傳，「境內皆言兵，藏孫吳之書者家有之。」書中反映了戰國時期的軍事特點。所以，《吳子》不是偽書，當是經後人整理的吳起軍事思想的紀錄，約成書於戰國中期以前。

《吳子》，《漢書·藝文志》著錄為《吳起》四十八篇，《隋書·經籍志》、《新唐書·藝文志》、《通志·藝文略》作《吳起兵法》一卷，宋晁公武《郡齋讀書志》著錄為三卷，並稱唐陸希聲類次為之，凡說國、料敵、治兵、論將、變化、勵士六篇。《宋史·藝文志》、《文獻通考·經籍考》均作三卷。今存本有的並為一卷、二卷，也有的分為三卷、六卷，但除「變化」作「應變」外，篇目與《讀書志》著錄的完全相同。可見自《隋書·經籍志》以下各書著錄的一卷本和三卷本《吳子》即今存《吳子》。然只是《漢書·藝文志》著錄的四十八篇的一部分。

今本《吳子》約五千字，共六篇：《圖國》主要圍繞「內修文德，外治武備」的策略主張，論述經國治軍「必須先教百姓、親萬民」，修德行仁，明恥教戰，任賢使能，「簡募良材，以備不虞」，並對戰爭的起因和種類進行了初步探討；《料敵》主要從策略的高度分析敵方的優劣短長，論述了偵察敵情的要領及對不同情況下的不同敵手的作戰方法；《治兵》主要論述訓練、行軍、宿營及保養軍馬的原則和方法，提出了「以治為勝」，「教戒為先」、「用兵之害，猶豫最大，三軍之災，生於狐疑」等著名觀點；《論將》主要論述將帥在治國統軍中的重要性和應具備的條件，以及觀察分析敵情優劣的要領。《應變》主要講隨機應變的戰術思想，論述了遭遇強敵、敵眾我寡、敵拒險堅守等情況下的應急方法和谷戰、水戰、車戰、攻城戰等作戰要領；《勵士》主要論述獎有功激無功，鼓舞部隊士氣。《曷鳥冠子吳注》書影《吳子》是「武經七書」之一，向與《孫子》（孫武兵法）並稱，軍事思想頗為豐富。概括起來主要有以下幾點：

❖ **「內修文德，外治武備」的策略思想**：他強調首先做好國內政治，「教百姓，親萬民」，修德行仁，達到國家和軍隊內部的協調統一，才可對外用兵；同時又強調必須加強國家的軍事力量，要「簡募良材，以備不虞」，「先戒為寶」。

❖ **隨機應變的戰術思想**：《吳子》十分重視戰爭中各種事物的差別和變化，強調要偵察了解敵方軍隊素養、將帥特點、所占天時、地利、人和的情況，掌握戰場的變化，根據不同的情況採取不同的作戰方法。並總結出了在何種情況下「擊之勿疑」、「急擊勿疑」，在何種情況下「避之勿疑」等帶有規律性的戰術原則。

❖ **「以治為勝」，「教戒為先」的治軍思想**：他認為軍隊能否打勝仗，不完全取決於數量上的優勢，重要的是依靠軍隊的品質。兵「不在乎眾」，「以治為勝」。要求把軍隊訓練成「居則有禮，動則有威，進不可當，退不可追」的軍隊，要發揮士卒各自的特點，使其「樂戰」、「善戰」、「樂死」。要求將帥要有優良品德和深邃的謀略，具備「理、備、果、戒、約」五個條件，懂得用兵「四機」。強調「進有重賞，退有重刑，行之以信」，以勵士兵。

❖ **樸素的軍事哲學思想**：吳子對戰爭的實質有了樸素的認知，他把戰爭發生的原因歸納為五條：「一曰爭名，二曰爭利，三曰積惡，四曰內亂，五曰因飢」。並認為戰爭具有義兵、強兵、剛兵、暴兵、逆兵等不同性質。他樸素地認識到戰爭事物具有兩重性，他在對各國的政治、經濟、民情和軍隊分析時，既看到了他們的長處、強處，又看到了他們的短處、弱處。

他了解到了戰爭事物的發展變化，尤其是了解到事物會向其反面轉化，認為打勝仗越多就會孕育著未來的災禍，「以數勝得天下者稀，以亡者眾」。

《吳子》繼承並發展了《孫子兵法》，總結了戰國初期的實戰經驗，反映了戰國時期的戰爭規律和特點，具有重要的軍事史料價值和軍事學術價值。

《吳子》和《孫子》一樣受到歷代中外軍事家、政治家的重視。唐初魏徵曾將其內容收入《群書治要》，供治國安邦參考。與《孫子》一起在唐代被吉備真備帶到日本，自此，《吳子》在日本傳播開來，據筆者所知，日本研究《吳子》的有六十六家之多。一七七二年又被法國一位神父阿米奧翻譯成法文，傳到歐洲。現在有日、英、法、俄等多種譯本流傳。被西方人士稱為「箴言」和「無價的真理」，如美國海軍上校柏特遜說：「在遙遠的中國，有兩位將軍，他們所有關於戰爭的議論，都可以凝集在一本小冊子裡，不像克勞塞維茨那樣寫了九大巨冊，自足地寫下了數量有限的箴言。每則箴言都具體表現了他們關於戰爭行為的信條和重要教義。這兩位軍事主宰者——孫子和吳子，他們無價的真理，已經長存了兩千年。」吳起像《吳子》現存最早的刊本是南宋孝宗、光宗年間刻《武經七書》本。後世眾多版本大都源於此本，並多以叢書本行世，除了宋刻、影宋刻、影宋抄、明刻、清刻《武經七書》本之外，比較重要的還有明吳勉學刊《二十子》本、明翁氏刊《武學經傳三種》本、清孫星衍《平津館叢書》本、清乾隆《四庫全書》本、《四部叢刊》本等。重要的註釋本有宋施子美《施氏七書講義》本、明劉寅《武經直解》本、清朱墉《武經七書匯解》本等。

《司馬法》

《司馬法》是中國古代著名兵書，《武經七書》之一。舊題司馬穰苴撰。司馬穰苴，其先人陳公子完奔齊，改姓田氏，因其任大司馬之職故稱司馬穰苴。生卒年不詳。《史記》稱其為齊景公時人，《竹書紀年》載為齊威王時人，而《戰國策》又說是齊滑王時人。本文以《史記》為據。穰苴為春秋末期齊國人，精通兵法，齊相國晏嬰以他「文能附眾，武能威敵」，推薦他於齊景公，「景公召穰苴，與語兵事，大說之，以為將軍。」他嚴於治軍，執法不避權貴。率兵攻打晉燕，將出征違紀的景公寵臣監軍莊賈斬首示眾，全軍震恐，爭相赴戰，晉、燕軍聞訊而逃，收復了失地，其名聲大震。後受讒被景公解職，發病而死。然其用兵之法為田氏後世所承繼，「用兵行威，大放穰苴之法，而諸侯朝齊。」

《司馬法》自《隋書．經籍志》始著錄為司馬穰苴撰。然而，根據《史記》記載，「齊威王使大夫追論古者《司馬兵法》而附穰苴於其中，因號曰《司馬穰苴兵法》。」可知《司馬法》應包括三部古代兵書《司馬法》分內容，一是齊國大夫們追論的古者《司馬兵法》，二是穰苴的兵法，三是彙集者的觀點。

關於《司馬法》的真偽。宋代之前對於其為先秦古籍沒有疑問。到了辨偽蔚然成風的清代，姚際恆、龔自珍等以今本《司馬法》所存篇卷無多，辭義淺近等為由，斷定司馬遷所言《司馬兵法》已佚，今本《司馬法》「為後人偽造無疑」。但據考證，今本《司馬法》保存許多古兵法，如「古者……成列而鼓」，「古者逐奔不過百步，縱綏不過三舍」，「古者逐奔不遠，縱綏不及，不遠則難誘」等，符合司馬遷所講「追論古者《司馬兵法》」。另外，《史記》、《左傳．賈逵注》、《呂氏春秋．高誘注》、《漢書》、《周禮．鄭玄注》等兩漢著作引用的《司馬法》文句，多見於今本《司馬法》。

至於一些古籍引用的《司馬法》文句不見於今本者，屬於《司馬法》的佚文，這是古籍流傳過程中的一種正常現象，不獨《司馬法》如此。所以，我們說今本《司馬法》不是偽書，而是一部先秦古籍。

肯定了《司馬法》是一部先秦古籍，並未解決它的具體成書年代。若據《隋書·經籍志》著錄為司馬穰苴撰而斷為春秋末期成書，顯然是錯誤的，因為《史記》中說得很清楚，「齊威王使大夫追論古代《司馬兵法》而附穰苴於其中，因號曰《司馬穰苴兵法》。」因此說，它當成書於齊威王時期。周顯王十一年（齊桓公十七年，前三五八年）齊桓公卒，齊威王立。周顯王十三年（前三五六）改元齊威王因齊元年。《史記·六國年表》將因齊元年誤記為周安王二十四年（前三七八），有人據此斷定《司馬法》約成書於西元前三七〇年，顯然也是錯誤的。《史記》載，威王初即位以來，九年不親政，致使國人不治。九年之後開始親政，「遂起兵西擊趙、衛，敗魏於濁澤而圍惠王。」齊威王「用兵行威，大放穰苴之法，而諸侯朝齊。」這說明威王大舉興兵之前命大臣們彙集研究過穰苴兵法，否則便不可能於「用兵行威」之際，「大放穰苴之法」。齊敗魏是在齊威王十六年（前三四一）。由此推斷，《司馬法》當成書於威王親政的西元前三四八年至西元前三四一年之間。

《司馬法》又稱《司馬穰苴兵法》、《軍禮司馬法》、《古司馬兵法》等。劉向《七略》將《司馬法》人於兵書類，班固編《漢書．藝文志》時將其出「兵書類」而人「禮類」，並稱《軍禮司馬法》，共一百五十五篇。《隋書．經籍志》稱《司馬法》三卷，不分篇；《舊唐書．經籍志》、《新唐書．藝文志》、《宋史．藝文志》、《郡齋讀書志》等書目均同《隋書．經籍志》。而宋邢昌《論語疏》則稱《司馬法》一百五十篇，疑為一百五十五篇之誤。《直齋書錄解題》又著錄為一卷。今傳世本有的作三卷，如《宋刊武經七書》本、《四部叢刊》本等；有的作一卷，如《四庫全書》本、《百子全書》本等；還有的作五卷，如《施氏七書講義》本。但不管分為幾卷，其內容都是五篇。《四庫全書總目提要》說：「世所行本，以篇頁無多，並為一卷，今亦從之。」說明一卷是由三卷合併而成的。漢代本共一百五十五篇，今本僅有五篇，說明大部分都已散佚。清代人輯有《司馬法逸文》一卷，其中有些內容不見於今本。

《司馬法》的篇目和主要內容：《仁本第一》，主要論述戰爭的性質、目的、起因和對戰爭的態度，以及發動戰爭的時機，追述了古代的一些戰法；《天子之義第二》，闡述君臣之禮，治國、教民和治軍的不同方法，記述了古代的一些作戰形式、兵器配置、戰車編組、旗語徽章、賞罰制度等；《定爵第三》，主要講戰爭的準備、戰場指揮、布陣原則、偵察敵情、戰時法規等問題；《嚴位第四》，主要闡述策略戰術和將帥指揮，以及勝利後注意事項等；《用眾第五》仍是講策略戰術及戰場指揮等。

《司馬法》包含有春秋以前的已經落後的軍事原則，如「成列而鼓」等。但是它更為豐富的是根據春秋末期和戰國初的戰爭實踐經驗而提出的進步軍事思想，概括起來主要有以下幾點：

❖「**相為輕重」的樸素辯證法思想**：就像《孫子》將許多軍事問題概括為「奇正」一樣，《司馬法》將戰爭中的諸多因素抽象為「輕、重」這樣兩個對立統一的因素。它認為，「凡戰，以輕行輕則危，以重行重則無功；以輕行重則敗，以重行輕則戰。故戰，相為輕重。」這就是說他主張「以重行輕」，輕、重相輔而成。它把統帥的戰術指揮稱為輕，策略指揮稱為重，認為「上煩輕，上暇重」，主張輕重相節，不可偏廢。它認為輕、重又是可以相互轉化的，指出「馬車堅，甲兵利，輕乃重」。它的「輕、重」說運用廣泛，有時運用於指揮號令，如「奏鼓輕，舒鼓重」；有時運用於裝備兵器，如「甲以重固，兵以輕勝」等。「輕、重」說的另一層含意即是「雜」，透過「雜」來揚長避短，取長補短，謀取優勢。它指出：「行唯疏，戰唯密，兵唯雜。」「兵不雜則不利，長兵以衛，短兵以守。太長則難犯，太短則不及。太輕則銳，銳則易亂。太重則鈍，鈍則不濟。」

❖ **「以戰止戰」的戰爭觀**：《司馬法》的作者透過對春秋以來頻繁戰爭的洞察，認識到要消除這種混戰的狀態，非用戰爭不可。所以他極力支持正義戰爭。他所謂的正義就是指的「安人」、「愛民」，如指出：「殺人安人，殺之可也；攻其國，愛其民，攻之可也；以戰止戰，雖戰可也。」「戰道，不違時，不歷民病，所以愛吾民也；不加喪，不因凶，所以愛夫其民也；冬夏不興師，所以兼愛民也。」他所說的「愛民」雖有一定的虛偽性，但這在當時卻是具有重要進步意義的。另外，他還提出了「國雖大，好戰必亡；天下雖安，忘戰必危」的重要思想。

❖ **以仁義為本的治軍思想**：《司馬法》的「仁義」思想貫徹全書的始終。對民施仁，就是弔民伐罪，不誤農時；對部下施仁，則是關心愛護，「見危難勿忘其眾」，「勝則與眾分善」，「若使不勝，取過在己」，對於攻取之國，規定「無暴神，無行田獵，無毀土功，無燔牆屋，無伐林木，無取六畜、禾黍、器械。見其老幼奉歸勿傷。雖遇壯者不校勿敵。敵若傷之，醫藥歸之。」《司馬法》把「仁」作為戰爭的最高目標，指出「以禮為固，以仁為勝。」

上述三條不能全面概括《司馬法》的軍事思想，除此之外，還有些具有進步意義的軍事思想，如「國容不入軍，軍容不入國」、「難進易退」，「三軍一人勝」，「賞不逾時」，「罰不遷列」，「教唯豫，戰唯節」等等，此不一一詳細介紹。

《司馬法》在歷史上一直受到人們的重視。漢代司馬遷稱其「閎廓深遠，雖三代徵伐未能竟其意，如其文也。」漢武帝「置尚武之官，以《司馬法》選位，秩比博士」。唐李靖說：「今世所傳兵家者流，又分權謀、形勢、陰陽、技巧四種，皆出《司馬法》也。」宋代元豐年間被官定為「武經」，成為培養和選拔軍事人才的軍事教科書。明清以來出現了眾多的註釋本。《司馬法》在國外流傳也較廣泛。早在一六〇〇年日本就出現了研究《司馬法》的專著《校定訓點司馬法》和《司馬法評判》，之後相繼有三十餘部專著問世。一七七二年它又被譯成法文，被收入《中國軍事藝術》，在巴黎出版發行。

《司馬法》不僅具有重要的理論價值，而且具有重要的史料價值，它關於三代的軍賦、軍法等軍制資料被許多史家和兵家所徵引；它的許多關於戰爭的錦言妙語廣為傳播而成為軍事名言。但需要指出的是，《司馬法》由於包含著追論的古代兵法，許多原則早在春秋戰國時已經成為陳舊過時的東西，在當時不會造成積極的作用；今天我們閱讀《司馬法》時更需要鑑別批判。

《司馬法》現存最早的刊本是南宋孝宗、光宗年間刻《武經七書》本。《武經七書》系統版本最多，流傳最廣。除了《武經七書》系統諸多版本以外，還有《武學經傳三種》本、《平津館叢書》本、《四庫全書》本、《述記》本、《四部備要》本等叢書本。另外，清代錢熙祚、張澍輯有《司馬法佚文》一卷，分別收錄在《指海》、《二酉堂叢書》中。另外，清黃以周輯有《軍禮司馬法考證》二卷附《司馬法逸文》，清王仁俊也輯有《司馬法逸文》一卷，收錄在稿本《玉函山房輯佚書續編》和《經籍佚文》中。

《尉繚子》

《尉繚子》是中國古代著名兵書，宋代頒定的「武經」之一。尉繚撰。尉繚其人史書記載非常簡略，《漢書．藝文志》雜家類《尉繚》下著錄為「六國時」人，顏師古注引劉向《別錄》稱「繚為商君學」。《隋書．經籍志》始著錄為「梁惠王時人」，以後各家書目大多沿襲上述說法，但宋晁公武《郡齋讀書志》稱「未詳何人書」，宋施子美《七書講義》則說是「齊人」，明茅元儀《武備志》又說是「魏人」、「鬼谷高弟」，歸有光在《諸子匯函》中還說「尉繚，司馬錯也」。施、茅、歸距戰國甚遠，實屬臆測。

因《史記．秦始皇本紀》中有一個「大梁人尉繚來，說秦王」，有人「以為秦國尉」的尉繚。因此，《尉繚子》一書的作者，究竟是見梁惠王的尉繚，還是做秦國尉的尉繚？引起後人的爭論，至今尚無定論。但從全書人稱、語氣和內容上考察，開頭就是「梁惠王問尉繚子曰」、「尉繚子對曰」，並不斷有「聽臣言」、「聽臣之術」、「臣聞」、「臣以為」等語，又稱魏為「吾」、「我」，內容反映了梁惠王時的情況。魏國吳起被讒奔楚，魏軍力削弱，兵敗遷都大梁，欲於衰落中中興，「以武事成功」，且多次提到吳起，予以讚美，兩次提到「吳起與秦戰」。據此，似定為梁惠王時尉繚較合情理。近有學者考證，提出與梁惠王答對的尉繚，正是由大梁入秦的那個尉繚。《尉繚子直解》書影《漢書．藝文志》雜家著錄有「《尉繚》二十九篇」，兵形勢家著錄有「《尉繚》三十一篇」。《隋書．經籍志》及《舊唐書．經籍志》、《新唐書．藝文志》只有雜家《尉繚子》五卷，兵家不見著錄。自北宋景年間編纂的《崇文總目》始，復見兵家《尉繚子》五卷，宋神宗時並與《孫子》等一起被頒定為「武經」，而雜家不再見著錄。今傳世本即「武經」本。對於雜家、兵家、今傳世本《尉繚子》之間的關係後人也有不同的意見，有的認為雜家和兵家《尉繚》本是一部書；有的認為是內容不同的兩部書；有的認為今本《尉繚子》是原兵家書，雜家書亡；有的認為是原雜家書，兵家書亡；還有的認為是兩部古代殘書的合編本。從現有資料分析，《漢志》著錄的雜家《尉繚》和兵家《尉繚》，由於《七略》中的兩書提要被班固刪掉而失傳，究竟是內容基本相同或根本不同的兩部書，還是同一書的重複著錄，難以確斷。但從以下情況看，《七略》的著錄體例，多有同一個人的著作交叉著錄現象，如被班固認為是重複著錄而省掉的《伊尹》、《太公》等十家、二百七十一篇即是；唐魏徵撰《隋書》將《尉繚子》入雜家，兵家不入，而他同一時期撰《群書治要》時輯錄的《尉繚子》，與銀雀山西漢墓出土的《尉繚子》殘簡相應的文字大多類同，與武經本（即今傳世本）的相應篇目也基本相同，這說明雜家和兵家《尉繚子》很可能是同一部書，只是因為兼有兵家和雜家的思想內容而歸類不同罷了。

關於《尉繚子》的成書時間，自南宋陳振孫提出《尉繚子》疑非先秦兵書後，明清以後出現偽書說。一九七二年《尉繚子》殘簡在銀雀山西漢前期墓葬中出土，內容與今傳世本大致相同，不僅均不避漢初幾個皇帝「邦」（高祖劉邦）、「盈」（惠帝劉盈）、「恆」（文帝劉恆）、「啟」（景帝劉啟）、「徹」（武帝劉徹）的名諱，而且書寫字體隸書中帶有明顯的篆書風格，這說明抄寫年代應在秦漢之際，成書年代當更早，似由戰國時人整理寫定，偽書之說不攻自破。

《尉繚子》自漢殷，歷代均有著錄，然卷、篇數不等，有五卷、六卷之分，三十一、二十九、二十四、三十二篇之別，其原因可能有兩個，一是流傳中有佚失，二是分篇不同，如武經本將《兵令》和《兵教》分別分為上、下篇。今傳世本共二十四篇，其篇目和主要內容是：《天官第一》，主要論述戰爭中「天官時日，不若人事」的道理，批駁唯心主義的天命論；《兵談第二》，主要論述立邑、土地、人口、糧食與固國勝敵的相互關係，說明「戰勝於外，備主於內」，「兵勝於朝廷」的道理，提出了治國治兵的一些方法和對將帥的要求等；《制談第三》，主要論述政治制度和軍事制度與戰爭勝負的關係，提出「凡兵，制必先定」，「修吾號令，明吾刑賞，使天下非農無所得食，非戰無所得爵」等治軍、治國方法；《戰威第四》著重論述高昂的士氣對於取得戰爭勝利的重大作用，激勵部隊士氣的方法；《攻權第五》，著重論述進攻的策略戰術，強調戰前要有充分的思想、組織準備，要善於選擇敵人的弱點發起進攻；《守權第六》，主要論述防守中的守城法則；《十二陵第七》，總結了治軍的正反十二條經驗；《武議第八》，內容很豐富，論述了戰爭的性質、目的和物質基礎，將領的作用、條件和權力，刑賞的原則等；《將理第九》，著重說明執法不明會影響國計民生，造成軍需虧乏，使國家危險的道理；《原官第十》，主要敘述國家分官設職的重要性，以及君臣職能和施政辦法；《治本第十一》，主要論述治國要以耕織為本，提出了「往世不可及，來世不可待」的進步觀點；《戰權第十二》，主要闡述懂得戰爭權謀的重要性；《重刑令第十三》，主要講懲處戰敗投降、逃跑將吏的刑罰措施；《伍制令第十四》，主要講軍隊的連保制度及嚴格軍紀、防止奸細的重要意義；《分塞令第十五》，主要講軍隊營區的劃分、建設和管理條例；《東伍令第十六》，主要講戰場上的賞罰制度和各級軍吏的懲處權限；《經卒令第十七》，主要講戰鬥組織、編隊、佩戴標識符號及對戰鬥勝利的意義；《勒卒令第十八》，主要講金、鼓、鈴、旗四種指揮工具的作用和使用方法，以及軍事訓練和正確指揮的重要性；《將令第十九》，主要講將軍受命的鄭重和將令的威嚴；《踵軍令第二十》，主要闡述部隊的戰鬥編成、各自的任務和行動部署，提出「欲戰先安內」的觀點；《兵教上第二十一》，主要敘述部隊訓練的方法、步驟和訓練中的獎懲制度等；《兵教下第二十二》，主要闡述國君必勝之道和有關行軍作戰訓練的問題；《兵令上第二十三》，主要討論政治與軍事的關係及列陣交鋒的內容和要求等，提出「以武為植，以文為種」的觀點；《兵令下第二十四》，主要講述戰場紀律條令及嚴格執行條令與戰爭勝利的關係。

《尉繚子》繼承並發展了《孫子》、《吳子》等的軍事思想，具有戰國時代的特點。

它具有樸素的戰爭觀，反對用天命觀指導戰爭，提出「天官時日，不若人事」的進步觀點。它認為戰爭有正義與不義之分，反對不義之戰，支持正義戰爭，「兵者，所以誅暴亂，禁不義也。」主張「王者伐暴亂」的戰爭要以「仁義」為本。還認為「兵者凶器也，爭者逆德也」，「故不得已而用之」，既要「慎戰」，又不能「廢兵」。在策略上它提出了許多精闢的見解，這集中反映在它對軍事與政治、經濟的關係的論述方面。它把軍事和政治形象地比喻為「植」（枝幹）、「種」（根基）和「表」、「裡」，指出「兵者，以武為植，以文為種，武為表，文為裡，……文所以視利害，辨安危；武所以犯強敵，力攻守也。」意思是政治是根本，軍事是從屬於政治的，這與兩千年後的克勞塞維茨的理論有異曲同工之妙。他認為經濟是治國之本，是進行戰爭的物質基礎，主張發展耕織，「明乎禁舍開塞，民流者親之，地不任者任之。夫土廣而任則國富，民眾而治則國富。富治者，民不發軔，車不出暴而威制天下。」

《尉繚子》注重戰前思想、物質和組織的準備，主張「權敵審將而後用兵」，「凡興師，必審內外之權，以計其去，兵有備闕，糧食有餘不足，校所出入之路，然後興師伐亂，必能入之。」注重奇正的靈活運用，認為「故正兵貴先，奇兵貴後，或先或後，制敵者也。」主張集中，認為「專一則勝，離散則敗」。進攻時，主張出其不意，先發制人；防守時，主張守軍和援軍要「中外相應」，守與攻相結合。

《尉繚子》的治軍思想很豐富，重視將帥的政治品德和個人模範作用，要求將帥秉公執法，恩威並施，吃苦在前，臨戰忘身，為人表率；重視部隊的行政建設，制定了較完備的戰鬥、內務、紀律條令，是研究先秦軍制史的重要資料；注重軍隊的訓練，論述了訓練的目的、方法、步驟及訓練中的獎懲制度，提出從最基層起逐級教練，最後合練的訓練方法；重視賞罰，提出「殺一人而三軍震者殺之，殺「賞」一人而萬人喜者殺「賞」之；殺之貴大，賞之貴小」的思想，在書中記述的各種條令條例中都有賞罰的具體規定和要求。

《尉繚子》問世後，受到歷代統治者和兵家的重視。唐魏徵將其收進用於經邦治國的《群書治要》之中，宋代被官定為武學經書，後世兵家多有引述。很早就傳到日本，日本研究、譯註《尉繚子》的兵書有慶長十一年（一六〇〇）元佶《校定訓點尉繚子》、林道春《尉繚子評判》等三十餘種。此外還有朝鮮刊本。《尉繚子》是一部具有重要軍事學術價值和史料價值的兵書。也應該看到《尉繚子》中也存有封建階級的糟粕，如鼓吹用嚴刑酷法來維持紀律的執行等，是剝削階級軍隊官兵對立的產物，是我們所堅決反對的。

《尉繚子》現存最早的版本是銀雀山西漢墓出土的竹書抄本，可惜是殘簡，不是完帙。現存最早的刊本是南宋孝宗、光宗年間刊《武經七書》本。後世諸多叢書本大都源於此本。

一、先秦兵書

二、秦漢三國兵書

《黃石公三略》

相傳為黃石公所撰。故又稱《黃石公三略》。黃石公何許人也？後人「上窮碧落下黃泉」也無從尋覓。然而托用其名的《三略》，恰是中國古代的一部著名兵書。

史家司馬遷在《史記．留侯世家》中，講述了圯上奇翁黃石公授書張良的故事。大約在秦朝末年，韓國貴族中一位很有作為的青年張良，曾試圖刺殺秦始皇，結果未能成功，便更改姓名避難至下邳（今江蘇邳縣）。一天，張良閒游路過一座橋時，看到一位老翁故意將鞋甩到橋下，並讓張良去撿。張良雖愕然，但面對長者，還是把鞋撿了回來。然而，老翁又讓張良給自己穿鞋，張良恭恭敬敬地照辦。老翁笑曰：你這個年輕人是可以傳授玄機的！並約張良於五日後的清晨到橋頭相會。頭兩次張良都遲到了，被老翁申斥一番。第三次張良於半夜時分就來到橋頭恭候，老翁亦至，非常高興，並贈書一本給張良，說：你讀這本書就可做帝王之師了。再過十年，天下將要打仗。過十三年，你將在濟北谷城山下見到我的化身——一塊黃石。說完，飄然而去。張良在下邳住了將近十年，秦末農民大起義爆發，他跟隨劉邦西上，成為劉邦的軍師。又過了三年，張良路過濟北，果然在谷城山下見到一塊黃石，便派人把黃石取回家供奉起來。張良死後，與黃石合葬一處。後人稱圯上授書與張良的老人為「黃石公」。或者說下邳老人即黃石公也。

《三略》是一部什麼樣的兵書？學者們經過多方考證，認為它既非黃石公所著，也不是張良當時所受之書，而是後人從《太公兵法》中推演而成的一部兵書。那麼推演者又是什麼人呢？

據考證，《三略》在《漢書．藝文志》中沒有著錄，最早著錄《三略》的是《隋書．經籍志》，該志稱：「《黃石公三略》三卷」，其下注云：「下邳神人撰，成氏注。梁文有《黃石公記》三卷，《黃石公略注》三卷。」然而《三略》之書名卻早在《隋書．經籍志》之前就已經在一些典籍中出現。據《後漢書．吳蓋陳臧列傳》記載：「黃石公記曰，柔能制剛，弱能制強。柔者德也，剛者賊也，弱者仁之助也，強者怨之歸也。……故曰務廣地者荒，務廣德者強。有其有者安，貪人之有者殘。殘滅之政，雖成必敗。」這一大段引文見於今本《三略．上略》中《軍讖》中「柔能制剛，弱能制強，柔者德也，剛者賊也，弱者仁之所助，強者怨之所攻」，以及《三略．下略》中「故曰務廣地者荒，務廣德者強，能有其有者安，貪人之有者殘。殘滅之政，累世受患，造作過制，雖成必敗」。兩者除個別字、詞外，基本相同。三國魏明帝時的李蕭遠在《運命論》中有「張良受黃石之符，誦《三略》之說。言《三略》者，始見於此」。北齊魏收《魏書》中，有劉曬注《黃石公三略》之說。《三略》首頁影印圖學術界對於《三略》的成書年代有多種說法，但以西漢末年成書說的依據較為充分。前文所引《後漢書．吳蓋陳臧列傳》的內容便是例證。由此可以推知，《三略》很可能是秦漢之際熟悉張良事跡的隱士所作。

《三略》全書約三千八百多字，分上、中、下三卷，即三篇謀略，所以人們便把它稱作《三略》。《三略》與《孫子兵法》、《孫臏兵法》、《六韜》等兵書相比，雖同屬兵書，但有其不同之處。首先，《孫子兵法》等兵書側重於軍事策略的論述，主要從制勝破敵的角度出發，探討作戰的手段，而《三略》則側重於政治策略的論述，主要從治國強國的角度出發，探討取勝的政治謀略。即如《中略》所說的那樣：「《上略》設禮賞，別奸雄，著成敗。《中略》差德行，審權變。《下略》陳道德，察安危，明賊賢之咎。」其次，《孫子兵法》等兵書以作者自己論述，直接表達對戰爭和軍事的思想認識及結論性的觀點，具有創造性的價值。《三略》則較多採用古代軍事諺語和兵書中的語句，表達作者的思想觀點，尤以徵引的《軍讖》和《軍勢》中的語句較多。但《三略》的理論觀點卻有許多精到之處，所以仍然受到後世兵家的重視，並在宋代被列為

《武經七書》之一，作為兵學者的必讀兵書之一。

《三略》分上略、中略、下略三卷，引用《軍讖》、《軍勢》之語句較多，擇其精粹者解讀之。

《三略》的分卷

上略

本卷主要論述以「柔弱勝剛強」為主旨，以及招攬人才為重點，以「任賢擒敵」為目的的治國統軍的政略、策略思想及其途徑。

《上略》開宗明義就指出，擔任「主將之法」，在於務必收「攬英雄之心，賞祿有功」之人，把自己的意志通達於眾。所以「與眾同好者」，事情都能辦成，「與眾同惡者」，事情都會辦壞。能夠「治國安家」的明君，是因為得到賢能之人的輔佐；弄得「亡國破家」的昏君，是因為失去賢能之人的輔佐。

《軍讖》曰：「柔能制剛，弱能制強。」又曰：「能柔能剛，其國彌光，能弱能強，其國彌彰，純柔純剛，其國必削，純剛純強，其國必亡。」意思是說，示之以柔而能制其剛，示之以弱而能制其強。又說，賢明的國君在治理國家時做到「能柔能剛」，所以他的國家就日益光耀；賢明的國君在治理國家時做到「能弱能強」，所以他的國家就日益彰明；如果國君柔弱無能，那麼他的國家就必然衰弱；如果國君剛強自恃，那麼他的國家就必然滅亡。

《上略》曰：「夫為國之道，恃賢與民，信賢如腹心，使民如四肢，則策無遺；所適如肢體相隨，骨節相救，天道自然，其巧無間。」意思是說，治理國家的最高原則，在於賢能之人的輔佐與民眾的支持，信任賢能的人如同自己的腹心，使用民眾從事百業如同自己的手足，相互適應如同手足與身體般相隨如意，如同骨骼與肢節那樣順從天然規律，結合得巧妙無間。

《上略》曰：「危者安之，懼者歡之，叛者還之，冤者原之，訴者察之，卑者貴之，強者抑之，敵者殘之，貪（《釋名．釋言語》：「貪，探求」，故作「探求」解。通常作貪汙貪婪解。據此處文意，以前者為好）者豐之，欲者使之。」意思是說，對有危難的人要扶助安置他，對心存畏懼的人要寬慰歡悅他，對叛離逃跑的人要設法招還他，對有冤屈的人要酌情平反他，對前來申訴的人要據理辨明他，對位卑而言微的人要按禮尊重他，對無理逞強的人要儘量抑制他，對懷有敵意的人要堅決清除他，對希望探求的人要設法滿足他，對要求立功的人要找機會給他。

《三略》曰：「畏者隱之，謀者近之，讒者覆之，毀者復之，反者廢之，橫者挫之，滿者損之，歸者招之，服者居之，降者脫之」。意思是說對畏怯寡言的人要內部使用他，對胸懷謀略的人要多方親近他，對讒言害人的人要審慎察看他，對詆毀誹謗的人要無情反擊他，對橫行霸道的人要全力挫敗他，對志滿高傲的人要抑制貶損他，對歸附順從的人要招撫收用他，對已經收服的人要妥善安置他，對願意投降的人要設法解脫他。

《上略》曰：「獲固守之，獲阨塞之，獲難屯之，獲城割之，獲地裂之，獲財散之。」意思是說，軍隊占領敵人的堅固陣地要加強防守，占據敵人的險隘之處要設置障，奪得敵人難以守衛的土地要屯兵駐守，攻取敵人的城邑要獎勵參戰的官兵，占領敵人的土地要分封給功臣，繳獲敵人財物要散發於眾人。

《上略》曰：「敵動伺之，敵近備之，敵強下之，敵佚去之，敵陵待之，敵暴綏之，敵悖義之，敵睦攜之。」意思是說，敵人開始行動要注意偵察，敵人靠近要多加防備，敵人強者要示以卑弱，敵人閒逸要故意避開，敵人淩我要消其銳氣，敵人施暴要安撫民眾，敵人悖逆要宣傳正義，敵人和睦要離間他們。

《上略》曰：「順舉挫之，因勢破之，放言過之，四網羅之。」意思是說，要根據敵人的軍情採取挫敗敵人的行動，要依據敵人態勢作出打敗敵人的部署，要散發假情報迷惑敵人，要網設四麵包圍孤立無援的人。

《上略》曰：「得而勿有，居而勿守，拔而勿久，立而勿取。」意思是說，在戰爭中繳獲敵人的財物，不要據為私有，奪取敵國的城池，不要貪圖安逸自守不去，進攻敵人的城池掠取敵國的土地，要速戰速決而不能曠日持久，要扶持被占領國家的人執政，而不要取代其位。

《軍讖》曰：「軍井未達，將不言渴，軍幕未辦，將不言倦，軍灶未炊，將不言飢，冬不服裘，夏不操扇，雨不張蓋。是謂將禮。」其意是說：軍井還沒有鑿成，將帥不應當說口渴，帳幕還沒有架好，將帥不應當說疲倦，軍灶還沒有做飯，將帥不應當說飢餓。將帥冬天不要獨自穿皮衣，夏天不要獨自用扇子，雨天不要獨自撐傘。這是優良將帥與官兵同甘共苦的原則。

《上略》曰：「與之安，與之危，故其眾可合而不可離，可用而不可疲。以其恩素蓄，謀素和也。故曰：蓄恩不倦，以一取萬。」意思是說，將帥能與士卒同安樂共危難，所以他的隊伍能合力同心而不會離心離德，能持久作戰而不怕疲勞。這是因為將帥長期恩待士卒，與士卒長期協力同心的結果。由此可見，將帥能長期恩待士卒，那麼作戰起來士卒就會以一當萬，百戰而不怠了。

《軍讖》曰：「將之所以為威者，號令也。戰之所以全勝者，軍政也。士之所以輕戰者，用命也。故將無還令，賞罰必信。」意思是說，將帥之所以有威嚴，是由於號令森嚴的緣故。作戰之所以獲得全勝者，是由於軍政嚴明的緣故。官兵之所以敢戰者，是由於服從軍命的緣故。所以將帥不能下達前後相反的命令，施行賞罰必須言而有信。

《上略》曰：「夫統軍持勢者，將也，制勝破敵者，眾也。故亂將不可使保軍，乖眾不可使伐人。攻城則不拔，圖邑則不廢，二者無功，則士力疲敝。士力疲敝，則將孤眾悖。以守則不固，以戰則奔北，是謂老兵。」意思是說，《上略》說：統領全軍而具有威勢者，是握有軍權的良將，能夠取勝而戰敗敵軍者，是由於全軍士卒奮力作戰的緣故。所以威勢紊亂的將帥不可能保全軍隊的生存力，上下不和的軍隊不可以用來攻戰。攻城則不能破，圖邑則不能得，二者都不能獲得成功，官兵被拖累得疲憊不堪。官兵疲憊不堪，則將帥孤立於上官兵不和於下，用這樣的軍隊進行防守則不固，用於攻戰則失敗，這樣的軍隊就是沒有戰鬥力的「老兵」。

《上略》曰：「夫將拒諫，則英雄散。策不從，則謀士叛。善惡同，則功臣倦。專己，則下歸咎。自伐，則下少功。信讒，則眾離心。貪財，則奸不禁。內顧，則士卒淫。」意思是說，將帥拒絕部屬的正確意見，則志士能人就會離散。不聽從謀士的良謀，則謀士就會叛離。善惡不分賞罰不公，則會挫傷功臣的積極性。獨斷專行，則部下就把責任歸咎於上。與部下爭功奪利，則部下就不會建功立業。聽信讒言，則眾叛親離。將帥貪取財物，則奸邪頑劣之徒就會上行下效而不能禁。將帥受命後仍不忘其家不忘其身，則士卒就會沉溺違紀。

《上略》曰：「將無慮，則謀士去，將無勇，則吏士恐，將妄動，則軍不重，將遷怒，則一軍懼。」意思是說，將帥沒有遠慮，則謀士離去；將帥沒有勇氣，則官兵恐懼；將帥輕舉妄動，則三軍不能持重，將帥把怒氣轉洩於部屬，則全軍上下都會恐懼不安。

《軍讖》曰：「慮也，勇也，將之所重，動也，怒也，將之所用。此四者，將之明誡也。」又曰：「軍無財，士不來，軍無賞，士不往。」又曰：「香餌之下，必有懸魚，重賞之下，必有勇夫。」意思是說，深謀遠慮，勇冠三軍，是將帥重要的美德；行動迅疾，威怒加於敵，是將帥激勵士氣必用的手段。對此四者，將帥必須察辨體會其運用的時機，才能收到成效。又說：軍中沒有財資，官兵就不會前來投奔，軍中不行獎賞，士卒就不會無往不前。又說：魚鉤擺上香餌，就會有游魚前來吞食，軍隊沒有重賞，作戰中就不會湧現建功立業的勇士。

《軍讖》曰：「內貪外廉，詐譽取名，竊公為恩，令上下昏，飾躬正顏，以獲高官，是謂盜端。」又曰：「群吏朋黨，各進所親，招舉奸枉，抑挫仁賢，背公立私，同位相訕，是謂亂源。」意思是說，暗中貪汙受賄而外裝清正廉潔，沽名釣譽，假公濟私，使上下昏亂，粉飾太平阿諛奉承，竊取高官，這樣的官員其實都是社會不安定而生盜賊的禍根。又說，如果各級官員都結黨營私，提拔自己的親信，推薦貪贓枉法之徒，排擠打擊仁人賢士，不顧國家利益而培植私人權勢，同在一起共事而互相攻訐，這樣的官員都是社會動亂的禍源。

《軍讖》曰：「吏多民寡，尊卑相若，強弱相虜，莫適禁御，延及君子，國受其咎。」又曰：「善善不進，惡惡不退，賢在隱蔽，不肖在位，國受其害。」意思是說，一個國家如果官多民少，尊卑參雜而又政出多門，強權欺凌弱小，朝廷不適時禁止和治理，則其禍害必然延及善良民眾和志士仁人，國家也必然受其禍害。又說，如果受人稱讚的人卻得不到應有的晉升和任用，令人厭惡的人卻占據高位而沒有被罷退，那麼志士仁人就會隱退不出，才鮮能薄的人就會濫竽充數，禍害國家。

中略

本卷是《上略》內容的延伸，多引《軍勢》語，主要透過「君德行，審權變」，論述君主馭將統眾的謀略。

《軍勢》曰：「出軍行師，將在自專；進退內御，則功難成。」意思是說，將帥統兵出征，必須要有獨立而不受任何制約的指揮權；如果全軍的進退行動要受到國君的制約，那麼就難取得勝利建功立業了。

《軍勢》曰：「使智、使勇、使貪、使愚。智者樂立其功，勇者好行其志，貪者邀趨其利，愚者不顧其死，因其至情而用之，此軍之微權也。」又說，「無使辯士談說敵美，為其惑眾；無使仁者主財，為其多施而附於下。」意思是說，將帥統兵作戰後，對智、勇、貪、愚等各種人都要任用。有智謀的人樂於建功立業，有勇氣健鬥的人好表現其意志，有貪求名利的人專想邀趨貨利，可愚弄的人進戰不顧生死，都要因其特點而不拘一格地任用他們。這是將帥指揮官兵作戰的微妙權謀。又說，在軍中不能讓油嘴滑舌的人鼓吹敵國之美，以免他們惑亂動搖軍心，不要讓注重仁義好施的人主掌財務，以免他們用公家財物培植私黨。

《中略》曰：「主不可以無德，無德則臣叛，不可以無威，無威則失權。臣不可以無德，無德則無以事君，不可以無威，無威則國弱，威多則身蹶。」意思是說，國君治國不可以無德，無德則臣下眾叛親離，君臨臣下不可以無威，無威則會失去統馭臣民的權力。人臣不可以無德，無德則無以事奉國君，人臣不可以無威，無威則不能行政而使國勢衰弱，功高威大則會遭致殺身之禍。

《中略》曰：「德同勢敵，無以相傾，乃攬英雄之心，與眾同好惡，然後加之以權變。故非計策無以決嫌定疑，非譎奇無以破奸息寇，非陰計無以成功。」意思是說，對於德治相同勢力相當的國家，誰也無法傾覆對方，那就延攬英雄之心，與全軍官兵同心同德，然後施行權謀決定高下。不運用計謀，就無法解決疑難，不出奇計巧謀就無法破奸滅寇，不設密謀就無法成功。

下略

本卷主要是「陳道德，察安危，明賊賢之咎」，進一步闡述國君與臣民的關係。

《下略》曰：「夫能扶天下之危者，則據天下之安。能除天下之憂者，則享天下之樂。能救天下之禍者，則獲天下之福。」意思是說，如果國君能夠扶助天下民眾的危難，就能據有天下的安定。能夠消除天下民眾的憂患，就能享有天下的歡樂。能夠解救天下民眾的災禍，就能獲天下的幸福。

《下略》曰：「求賢以德，致聖以道。賢去則國微，聖去則國乖。微者危之階，乖者亡之征。」意思是說，國君尋求賢才當以品德為重，聘用聖人要按天道而行。賢才離去國家就會衰微，聖人離去國家就會混亂。衰微是危險的由來，混亂是滅亡的象徵。

《下略》曰：「賢人之政，降人以體。聖人之政，降人以心。體降可以圖始，心降可以保終。降體以禮，降心以樂。」又曰：「故有德之君，以樂樂人；無德之君，以樂樂身。樂人者久而長，樂身者不久而亡。」意思是說，賢良的人治理國家，是使民眾忠良順從。聖明的人治理國家，是使民眾心悅誠服。行動上順從可以共同開創事業，心悅誠服可以保全始終。又說，德行高尚的國君，以安樂的舉措使天下人安樂，無道之君只顧自身的安樂而使天下人不安樂。國君能使天下安樂的國家就會長久興盛，國君只顧自身安樂的國家就會很快滅亡。

《下略》曰：「釋近謀遠者，勞而無功，釋遠謀近者，佚而有終。佚政多忠臣，勞政多怨民。」意思是說，捨近不取而去圖謀進攻遠方之國，最終就會勞師動眾而不能建功立業，放棄用武力進攻遠方之國而以謀略降服旁近之國，最終就會佚軍息民而建功立業。行佚軍息民之政則國多忠臣，勞民役軍民眾就會怨聲載道。

《三略》是一部兼有眾家之長而又自成體系的著作，是我國第一部以政略和軍略關係為重點論兵的兵書，具有獨特的思想內容。

《三略》的思想

「以民為本」的治國論

《三略》從民本思想出發，對安國、選將、治軍、作戰等問題進行深入的論述。《三略》認為，戰爭的勝敗，在於國家治理的好壞，而民心的向背又是國家治理得好壞的關鍵。

《三略》認為，「庶民者，國之本」，「以弱勝強者，民也」，戰勝敵人的強大力量存在於民眾之中。「治國安家」在於得到民眾的擁護，「亡國破家」在於失去民眾的支持。如果得到民眾的擁護，國家就安定，軍隊就強大，兵鋒所向，就無往而不勝。如果國家治理得不好，弄得國虛民貧，民眾被迫反抗，敵人乘虛來犯，國家就會崩潰。無論是治理國家和統兵作戰，都要隨時隨地「察民心，施百務」，辦實事：「危者安之，懼者歡之，叛者還之，冤者原之，訴者察之，卑者貴之，強者抑之，敵者殘之，貪者豐之，欲者使之，畏者隱之，謀者近之，讒者覆之，毀者復之，反者廢之，橫者挫之，滿者損之，歸者招之，服者居之，降者脫之。」國家要辦好上述實事，首先必須要君主賢明，同時還要選用賢才管理國事，統率軍隊，只有這樣才能進行戰爭。進行戰爭的目的也在於保民，用「扶天下之危」，「除天下之憂」，「救天下之禍」的正義戰爭去戰勝非正義的戰爭。

「以民為本」的治軍論

《三略》在治軍問題上的突出之處是，既重視將帥的指揮作用，又重視士兵的戰鬥作用。認為「統軍持勢者，將也。制勝破敵者，眾也」。將帥是統率全軍，創造有利態勢，戰勝敵人的指揮者。士兵則是奮勇戰鬥、消滅敵人的主力。為此，將帥既要有優良的品德和廣博的知識，又要做到清廉、鎮靜、公平、嚴整，能接受下級的意見，能決斷是非曲直，能容納人才，能採納眾人的建議，能知國家風俗，能研究山川形勢，能了解地形險阻，能掌握軍隊的權柄。將帥還要能「通志於眾」，做到「與眾同好」，「與眾同惡」，上下同心，士卒統一。將帥還要「以身先人」，處處發揮模範表率作用，「與士卒同滋味而共安危」，水井尚未鑿成，將帥不可謂口渴，軍灶尚未成炊，將帥不可言飢餓，帳篷尚未搭好，將帥不可言疲倦：冬季不著皮衣，夏季不用搖扇，雨天不撐傘：戰時與士卒同赴危難。在此前的兵書中，還沒有一部能像《三略》這樣重視士兵的作用，全面論述將帥與士卒的關係。

「因敵轉化」的作戰指導

《三略》指出，「用兵之要，必先察敵情」。統兵將領在作戰之前，要充分掌握敵情，以使「伺其空隙」，從敵人防禦薄弱之處進行突破。提出「因敵轉化，不為事先，動而輒隨」的思想，主張根據敵情的變化而隨機應敵。《三略》還提出了許多作戰指導原則。諸如「獲固守之，獲阨塞之，獲難屯之，獲城割之，獲地裂之，獲財散之」等等。

《三略》問世後，也是受到社會的重視和廣為流傳的一部兵書，在中國和世界軍事理論界產生了深遠的影響。唐代的魏徵將其內容收入《群書治要》中。宋元豐三年（一〇八〇），被宋廷頒定為開學的經典之一，並被譯成西夏文本。現存最早的刊本是南宋孝宗、光宗年間的《武經七書》本，此本除原刻本尚存在日本靜嘉堂文庫外，後世幾經影印翻刻，形成武經系統本。其他叢書本也多以此系統本為底本。註釋本有施子美講義本、明劉寅直解本、清朱墉匯解本。一九三五年，上海商務印書館採用中華學藝社借照日本靜嘉堂藏書本膠片，影印出版了《續古逸叢書》本。

《三略》在國外流傳也較廣。早在唐代便傳到日本、日本寬平年間（八八九至八九七），日本天皇敕命藤原佐也撰輯的《日本國見在書目》就著錄有《黃石公三略》。日本的戰國時代，在足利學校（武將顧問資格的養成所）將此書與《六韜》列為主要教科書。據不完全統計，日本研究《黃石公三略》者約近四十家。鄰國朝鮮也有《黃石公三略》傳人。一九九三年，美國學者拉夫爾．索雅，將《三略》等《武經七書》全譯成英文本。《三略》的西傳擴大了中國古代兵法理論在西方的影響。

《將苑》

舊題諸葛亮撰。諸葛亮（一八一至二三四），字孔明，東漢琅琊陽都（今山東沂南縣）人，是三國時代傑出的政治家和軍事家。早年隱居鄧縣隆中（今湖北襄陽西），被稱為「臥龍」。劉備三顧茅廬，請他出山。他向劉備提出了奪取荊（今湖南、湖北）、益（今四川），外結好孫權，內革新政治，積蓄力量，準備條件，統一全國的建議，即著名的《隆中對》。從此成為劉備的主要謀士。他輔佐劉備、劉禪創建了蜀國，自任丞相。劉禪即位後，被封為武鄉侯，領益州牧，掌管蜀漢軍政大權。當政其間，勵精圖治，賞罰嚴明，革除弊政，推行屯田，發展生產，改善和西南各民族的關係，對於西南地區的政治、經濟的發展和民族團結做出了有益的貢獻。他還積極推行聯吳抗魏的策略方針，曾五次出兵攻魏，爭奪中原。雖鞠躬盡瘁，死而後已，但因力不從心，於建興十二年（二三四）死於五丈原軍中。他足智多謀，善於治軍，相傳革新連弩（革新後能同時發十箭）、創八陣圖、造「木牛流馬」（一種有利於山地運輸的工具），受到後人的崇敬。自陳壽編《諸葛亮集》後，明清又編輯多種，如明王士騏編《武侯全書》二十卷、楊時偉編《諸葛忠武全書》十卷、清朱磷輯《諸葛武侯集》二十卷、張澍編《諸葛

二、秦漢三國兵書

亮集》等，本文所要介紹的《將苑》就收錄在《諸葛亮集》之中。中國兵書史上有一種現象，就是偽托之作多托於先聖先賢。由於諸葛亮被後人當作智慧的化身，所以，正像《四庫總目提要》說的「蓋宋以來兵家之書，多托於亮」。各種書目著錄諸葛亮撰的兵書就有二十餘種，如《火龍經》、《小心略地利》、《武侯奇書》等等，這些兵書究竟哪些是諸葛亮的作品，有待逐一考證。

《將苑》最早見於宋尤袤《遂初堂書目》，題作《諸葛亮將苑》，明代編的諸葛亮文集中也予以收錄。清姚際恆《古今偽書考》和紀昀《四庫全書總目提要》認為是後人偽托之作。從書中內容大多采自兵、史諸書和隋、唐不見著錄來推斷，不像諸葛亮親著，但其中許多思想與諸葛亮的軍事思想相一致。

《將苑》又稱《諸葛亮將苑》、《武侯將苑》、《心書》、《武侯心書》、《新書》、《武侯新書》等。此書宋代稱《將苑》，明代始改稱《心書》，如焦竑《經籍志》；或《新書》，如陶宗儀《說郛》；也有稱《將苑》的，如《百川書志》。《漢魏叢書》雖於書名題作《心書》，而篇章標題中間有《新書》字樣。現存版本中，這幾種稱謂都有，核其內容，雖有所差別，但基本上是一致的，是同書異名。因為《將苑》之名出現較早，故本文以《將苑》相稱。

《將苑》

《將苑》一卷（一作二卷，見《百川書志》）共五十篇。其篇目如下：兵機、逐惡、知人性、將才、將器、將弊、將志、將善、將剛、將驕吝、將強、出師、擇材、智用、不陣、將誡、戒備、習練、軍蠹、腹心、謹候、機形、重形、善將、審因、兵勢、勝敗、假權、哀死、三賓、後應、便利、應機、揣能、輕戰、地勢、情勢、擊勢、整師、勵士、自勉、戰道、和人、察情、將情、威令、東夷、南蠻、西戎、北狄。

《將苑》是中國古代論述為將之道的兵書。書中博采《孫子》、《吳子》、《尉繚子》、《六韜》、《三略》、《左傳》等兵書史籍中的論兵妙語，分門別類加以闡述，言簡意賅，自成體系，概括了古代為將之道的各個方面。它對將帥進行了分類研究，認為從思想品德性格特長上分，將材有九：仁將、義將、禮將、智將、信將、步將、騎將、猛將、大將。按能力器度分有十夫之將、百夫之將、千夫之將、萬夫之將、十萬人之將、天下之將。意在選拔任用將帥要量才而選，量力而用。它總結歸納了為將八弊：「一曰貪而無厭，二曰妒賢嫉能，三曰信讒好佞，四曰料彼不自料，五曰猶豫不自決，六曰荒淫於酒色，七曰奸詐而自怯，八曰狡言而不以禮。」意在向將帥敲警鐘。它認為將帥關係著國家興亡、戰爭勝敗、士卒的安危，因此，要求給予將帥自主權，重申「將之出，君命有所不受」的古訓。同時，對將帥提出了許多具體的條件和要求。首先強調將帥自身修養好。它要求將帥不恃強，不怙勢，寵之而不喜，辱之而不懼，見利不貪，見美不淫，以身殉國，忠貞不渝；要做到剛不可折，柔不可卷，不驕不吝，能總文武之道，操剛柔之術，先仁義而後智勇；要有五善四欲，五善是「善知敵之形勢，善知進退之道，善知國之虛實，善知天時人事，善知山川險阻」。四欲是「戰欲奇，謀欲密，眾欲靜，心欲一」。它還要求將帥力爭五強，杜絕八惡。五強是：「高節可以歷俗，孝悌可以揚名，信義可以交友，沈慮可以容眾，力行可以建功。」八惡是「謀不能料是非，禮不能任賢良，政不能正刑法，富不能濟窮厄，智不能備未形，慮不能防微密，達不能舉所知，敗不能無怨謗」。它提出了將帥應遵守的十五條紀律，即慮、詰、勇、廉、平、忍、寬、信、敬、明、謹、仁、忠、分、謀。其次要求將帥要善於治軍，精於作戰。在治軍方面，要求將帥要重視法制，信賞必罰，嚴號申令，「誡之以典型，威之以賞罰」；要加強軍事訓練，認為「軍無習練，百不當一。習而用之，一可當百」；要收攬和掌握有特長的人才，「必有博聞多智者為腹心，沈審謹密者為耳目，勇悍善敵者為爪牙」；要身先士卒，關心和愛護部下，養兵像養自己的子女一樣，「有難則以身先之，有功則以身後之」，與士卒同生死，共患難。在作戰方面，要求將帥不恃眾以輕敵，不傲才以驕人，要「先計而後動，知勝而始戰」；要懂得「兵機」、「兵勢」，「因機而立勝」，「因天之時，就地之勢，依人之利」；要熟悉戰場地形地物，探明敵情，「不知戰地而求勝者，未之有也」，「必先探敵情而後圖之」，要懂得各種地形天候條件下的戰法，如林戰、叢戰、谷戰、水戰、夜戰等。

《將苑》一書，一直為後人所重視，流傳比較廣泛。它集中了古代將帥選拔、修養的精華，雖然不免打著封建階級的印記，但其中許多思想至今仍有一定的借鑑價值。

《將苑》現存版本多題名為《心書》或《新書》，中國中華書局一九七四年版《諸葛亮集》題為《將苑》。該書版本大致有三個系統，一是《諸葛亮集》系統；二是叢書本系統，較有代表性的有：廣漢魏叢書本、增訂漢魏叢書本、子書百家本、增訂漢魏六朝別解本、唐宋叢書本、學海類編本、說郛本等。三是單行本系統，主要有：明正德十三年韓襲芳銅活字印本、明萬曆三十三年書林鄭少齋刻本、明黃邦彥刻本、民國年間石印本、一九二六年成都昌福公司鉛印本等。

二、秦漢三國兵書

三、唐宋兵書

《李衛公問對》

《李衛公問對》是一部問答體兵書。又稱《唐太宗李衛公問對》，或《唐李問對》。唐太宗即李世民（五九九至四五四），唐代皇帝，李淵次子。祖籍隴西成紀（今甘肅省秦安），後世居於陝西武功。他自幼聰穎幹練，博文精武，少年即通古今兵法，是古代著名的軍事家。隋末勸其父起兵反隋，李淵稱帝時，封為秦王，任尚書令。曾鎮壓竇建德、劉黑達等農民起義軍，消滅薛仁杲、王世充等割據勢力。武德九年（六二六）發動玄武門之變，殺死太子李建成，被立為太子，繼帝位。西元六二六至六四九年在位，推行均田制和府兵制，常以「亡隋為戒」，較能任賢、納諫，注意恢復發展社會經濟和加強與少數民族的貿易文化交流，貞觀四年（六三〇）擊敗東突厥，被鐵勒、回紇等族尊為天可汗。晚年由於連年用兵，營建宮室，賦重役繁，加深了階級矛盾。李衛公即李靖（五七一至六四九），本名藥師，京兆三原（今陝西三原東北）人，唐初軍事家。少有文武材略，精熟兵法，其舅父名將韓擒虎「每與論兵，未嘗不稱善，撫之曰：『可與論孫、吳之術者，唯斯人矣。』」隋末任馬邑郡丞。唐高祖時，任行軍總管，嶺南道撫慰大使，以副帥佐李孝恭鎮壓輔公起義軍。唐太宗時，歷任兵部尚書、尚書右僕射等職，先後擊敗東突厥、吐谷渾，封衛國公，故稱李衛公。據書目記載，他著有《衛公兵法》等十餘部兵書，然大都佚失，「世無完書」，《通典》中保留了部分內容。《唐太宗李衛公問對》書影《唐李問對》，顧名思義就是唐太宗李世民與衛國公李靖論兵的言論輯錄。然而自北宋陳師道在《後山談叢》中提出「世傳王氏《元經》……李衛公《問對》，皆阮逸所著」和何在《春渚紀聞》中提出「先君（按：指何去非）言《六韜》非太公所作，……又疑《李衛公問對》亦非是」之後，引起了學術界的一場爭論，至今尚無定論。晁公武《郡齋讀書志》、陳振孫《直齋書錄解題》、吳曾《能改齋漫錄》、汪宗沂《衛公兵法輯本自序》、湘浦《衛民捷錄．問對題注》等徑從陳、何之說，斷定《李衛公問對》為阮逸偽撰。另一種意見否定阮逸所偽撰，如元馬端臨說：「神宗詔王震等校正之說既明見於國史，則非阮逸之假托也。」清姚際恆說：「今世傳者當是神宗時所定本，因神宗有『武人將佐不能通曉』之詔，故特多為鄙俚之辭。若阮逸所撰，當不爾。意或逸見此書，未慊其志，又別撰之。而世已行此書，彼書不行歟？」還有一種意見，即否定阮逸偽撰，也否定衛公所著，如明胡應麟說：「此書不特非衛公，亦非阮逸，當是唐末宋初俚儒村學綴拾貞觀君臣遺事、杜佑《通典》原文，傅以閭閻耳口。」據今人考證，宋初既流行有《兵法七書》，宋神宗元豐三年下詔校定包括《李衛公問對》在內的七部兵書，頒定為武經，作為武舉試士和武學的軍事教科書，說是宋仁宗天聖（一〇二三至一〇三一）才中進士的阮逸偽撰，理由實不充分。說「其詞旨淺陋猥俗，兵家最亡足采者。……當是唐末宋初俚儒村學綴拾貞觀君臣遺事、杜佑《通典》原文，傅以閭閻耳口」，更是偏頗之言。公正的評價是：《李衛公問對》「興廢得失，事宜情實，兵家術法，燦然畢舉，皆可垂範將來。」「《衛公問答》，語極審詳，真大將言也。」「其書分別奇正，指畫攻守，變易主客，於兵家微意時有所得。」綜觀全書，上述評論並非溢美之辭。《李衛公問對》雖未必是李靖的手定稿，它當是深通兵法韜略，熟悉唐太宗、李靖事跡的隱士根據唐、李論兵言論彙編而成，具體成書時間不可確斷，然據宋初即有《兵法七書》流傳推測，其下限應在五代之前。

《李衛公問對》共分上、中、下三卷，一萬〇三百餘字。全書涉及的軍事問題比較廣泛，既有對歷代戰爭經驗的總結和評述，又有對古代兵法的詮釋和發揮；既講訓練，又講作戰；既討論治軍，又討論用人；既有對古代軍制的追述，又有對兵學源流的考辨，但主要內容是講訓練和作戰，以及兩者之間的關係，中心圍繞著「奇正」論述問題。

奇正是古代軍事學術中一個十分重要的概念。是歷代軍事家討論的重點問題之一。《李衛公問對》對奇正論述深刻，分析透闢。它引《握奇經》：「八陣，四為正，四為奇」，說明奇正原是方陣隊形變換的戰術。方陣中有四塊「陣地」或「實地」（即戰鬥部隊的位置），有四塊「閒地」或「虛地」。在「實地」作戰的部隊就是「正兵」；利用「虛地」實施機動的部隊就是「奇兵」。它認為奇與正是可以互相轉化的，提出「善用兵者，無不正，無不奇，使敵莫測，故正亦勝，奇亦勝」，「奇正，在人而已，變而神之，所以推乎天也」。它用奇正的觀點來解釋進退、攻守、眾寡、將帥、營陣、訓練等各個方面的軍事問題，大大發揮了孫子的奇正學說。如它指出：「凡兵，以向前為正，後卻為奇」；「先出合戰為正，後出為奇」；「大眾所合為正，將所自出為奇」；「凡將，正而無奇，則守將也；奇而無正，則鬥將也；奇正皆得，國之輔也」等。它把奇正與虛實、示形緊密連繫起來闡述，指出「奇正者，所以致敵虛實也。敵實，則我必以正；敵虛，則我必以奇」，「但教諸將以奇正，然後虛實自知焉」，「故形之者，以奇示敵，非吾正也；勝之者，以正擊敵，非吾奇也。此謂奇正相變」，「形人而我無形，此乃奇正之極致。」

《李衛公問對》非常重視陣法訓練。主張從實戰需要出發訓練部隊，達到在戰鬥中「鬥亂而法不亂」，「形圓而勢不散」，「絕而不離，卻而不散」。它重視訓練方法，認為「教得其道，則士樂為用；教不得法，雖朝督暮責，無益於事矣」。強調根據部隊的不同特點進行教練，「漢戍宜自為一法，蕃落宜自為一法，教習各異，勿使混同。」它還提出了由單兵到小分隊，由小分隊到大部隊的訓練程式，即由伍法而隊法而陣法。對於方陣、圓陣作了較為明確的闡述。尤其對李靖創造的六花陣，明確指出本於諸葛亮八陣法，「外畫之方，內環之圓，是成六花，俗所號爾」，「凡立隊，相去各十步；駐隊去前隊二十步；每隔一隊，立一戰隊。前進以五十步為節。角一聲，諸隊皆散立，不過十步之內。至第四角聲，籠槍跪坐。於是鼓之，三呼三擊，三十步至五十步以制敵之變。馬軍從背出，亦五十步臨時節止。前正後奇，觀敵如何。再鼓之，則前奇後正，復邀敵來，伺隙搗虛。此六花大率皆然也」。

《李衛公問對》對古代兵法的源流進行了總結歸納，它認為古代兵法「大體不出三門四種而已」，即：「《太公謀》八十一篇，所謂陰謀，不可以言窮；《太公言》七十一篇，不可以兵窮；《太公兵》八十五篇，不可以財窮。此三門也」，「權謀為一種，形勢為一種，及陰陽、技巧二種，此四種也。」它對古代重要兵法進行了評述和發揮，其中有許多獨到見解。如對《孫子》「守則不足，攻則有餘」的解釋不囿於曹操等舊說，並批評他們用力量的強弱來解釋是「不悟攻守之法也」。指出「謂敵未可勝，則我且自守；待敵可勝，則攻之爾。非以強弱為辭也」。對於攻守問題，它提出了許多有價值的觀點，如「攻是守之機，守是攻之策，同歸乎勝而已矣」，「攻者，不止攻其城擊其陣而已，必有攻其心之術焉；守者，不止完其壁堅其陣而已，必也守吾氣而有待焉」等等。

《李衛公問對》也包含著較為豐富的樸素辯證法思想。它認為戰爭的勝負是由多種因素促成的，不可歸結為單純的一個原因，「兵家勝敗，情狀萬殊，不可以一事推也」。它還認為事物都是在發展變化的，強弱、優劣、主客都處在變化之中，「『因糧於敵』，是變客為主也；『飽能飢之，佚能勞之』，是變主為客也。」它注重人事、反對迷信，指出「後世庸將泥於術數，是以多敗」，「及其成功，在人事而已」。但是，它又不主張廢棄陰陽術數，認為這是「使貪使愚」的詭道之術。

《李衛公問對》是《武經七書》之一，在中國古代軍事學術史上占有重要地位。但它也存有一些明顯的封建糟粕，如對李責力的明黜暗用的封建權術；它提出陰陽術數為詭道之術，若用來作為欺騙敵人、團結內部的一種戰術，尚有可取之處，若用它來愚弄本部士卒，便是封建的愚兵政策。它的「教正不教奇」的論點，也有很大的片面性。明何良臣曾批評它說：「奇而不教，則號無以別，變何以施？」（《陣紀．奇正》）《李衛公問對》，宋初有《兵法七書》本，後又有麻皓年註釋本。宋元豐三年（一〇八〇）

宋神宗詔令校定《孫子》、《李衛公問對》等七書為《武經七書》，鏤版刊行。據陸心源《麗宋樓藏書志》載，宋代曾刊印過《李衛公問對》三卷單行本。但北宋之前的版本今不可見。現存最早的刊本是南宋孝宗、光宗年間刻《武經七書》本。此後眾多叢書本及清刻、清抄本，大多源於此本。現存比較重要的註釋本有宋施子美講義本、明劉寅直解本、清朱墉匯解本。

《太白陰經》

《太白陰經》又稱《神機制敵太白陰經》，唐李筌撰。李筌，號少室山達觀子，《唐書》無傳，里籍不詳。大約生活在唐肅宗、代宗年間。唐乾元二年（七五九）《進太白陰經表》稱「正議大夫持節幽州軍州事幽州刺史並本州防禦使上柱國臣李筌上表」，唐永泰四年（即大曆三年，七六八年）《序》署名「河東節度使都虞侯臣李筌撰」。《四庫全書總目提要》載：「《集仙傳》稱其仕至荊南節度副使、仙州刺史，著《太白陰經》。又《神仙感遇傳》曰：筌有將略，作《太白陰符》（註：符當經之誤）十卷，入山訪道，不知所終。」據《新唐書．藝文志》和《宋史．藝文志》等書目記載，李筌還著有《孫子注二卷》、《青囊括一卷》、《閫外春秋十卷》、《通幽鬼訣二卷》、《軍旅指歸三卷》、《彭門玉帳歌三卷》等兵書。

《太白陰經》本來是一部「記行師用兵之事」的兵書，但因李筌以陰陽數術之說，以為「太白主兵，為大將軍；陰主殺伐」（《進太白陰經表》），故取名為《太白陰經》，給這部兵書蒙上了一層神祕色彩。後人又編造出所謂「李筌常遊名山探奇術，於嵩山虎口岩石壁中得《黃帝陰符經》，遇驪山老姥，指明祕要，洞究深微，撰為兵書，名曰《太白陰經》」（《進太白陰經表》注）的神話。加之書的後半部分輯錄了大量醫卜星相、奇門遁甲之類的內容，使這部兵書進一步神祕化。揭去它身上的迷彩，就會發現它是一部較全面反映唐以前軍事知識的綜合性兵書。

《太白陰經》始藏諸名山石室，後獻給唐朝廷，「進入內府，不傳於世，瑞南宋公先世有傳而得之，以輔明廓清海宇，是書之功也。以後子孫，慎勿妄傳」。（史氏珍藏尾跋，見上海古籍出版社一九八五年版《鐵琴銅劍樓藏書題跋集錄》）因此，此書明以前只有抄本傳世。由於傳抄者隨意刪削合併，遂出現六卷本、八卷本和十卷本等不同卷數的本子。考《進太白陰經表》、《新唐書．藝文志》和《宋史．藝文志》均稱為十卷，說明此書全帙應為十卷。

《太白陰經》是李筌花十年心血寫成的兵書，蒐羅廣泛，內容豐富。他在《進太白陰經表》中說：「人謀、籌策，攻城、器械，屯田、戰馬，營壘、陣圖，括囊無遺，秋毫必錄。其陰陽天道，風雲向背，雖遠人事，亦存而不忘。小及錐刀，大至城堡，智周乎萬物，而道濟乎三軍，轅門有之，雖桴鼓之吏，廝養之卒，亦可為萬人之將。言無文飾，理探玄微，十載修成。」全書十卷共一百篇，具體篇目如下：

卷一人謀上：天無陰陽、地無險阻、人無勇怯、主有道德、國有富強、賢有遇時、將有智謀、術有陰謀、數有探心、政有誅強。

❖ **卷二人謀下**：善師、貴和、廟勝、沉謀、子卒、選士、勵士、刑賞、地勢、兵形、作戰、攻守、行人、鑑才。

❖ **卷三雜議**：授鉞、部署、將軍、陣將、隊將、馬將、鑑人、相馬、誓眾軍令、關塞四夷。

❖ **卷四戰具**：攻城具、守城具、水攻具、火攻具、濟水具、水戰具、器械、軍裝。

❖ **卷五預備**：築城、鑿濠、弩台、烽火台、馬鋪土河、游奕地聽、報平安、嚴警鼓角、定鋪、夜號更刻、鄉導、井泉、迷途、搜山燒草、前茅後殿、釁鼓、屯田、人糧馬料、軍資、宴設音樂。

❖ **卷六陣圖**：風後握奇壘圖、風後握奇外壘、太白營圖、偃月營圖、陰陽隊圖、教旗圖、草教圖、教弩圖、合而為一陣圖、離而為八陣圖。

❖ **卷七捷書、藥方**：禡牙文（一）、禡牙文（二）、祭蚩尤文、祭山大川文、祭風伯雨師文、祭毗沙門天王文、露布、治人藥方、治馬藥方。

❖ **卷八雜占**：占日、占月、占五星、占流星、占客星、占妖星、占雲氣、分野占、風角、五音占風、鳥情占。

❖ 卷九遁甲。

❖ **卷十雜式**：元女式、察情勝敗、主客向背、推神煞門戶、龜卜、山岡營壘、山形岡隴。

《太白陰經》是在比較充分地研究前人軍事論著的基礎上寫成的。其寫作方法一般採用先以「經曰」引出一段前人的論兵言論，接著徵引古代戰例，將帥事跡，或古代兵法，加以闡述，最後亮出自己的結論。他繼承了前代的優秀軍事思想成果，介紹了古代許多軍事知識，諸如軍儀典禮、攻防戰具、偵察通訊、行營警備、糧草行裝、戰場建設、戰陣隊形，以及古代軍中祭祀占卜活動等都有較詳細介紹。其中比較有價值的是前五卷，後五卷多為非科學的內容。

前五卷中最有價值的是重視人事的唯物主義思想。李筌認為陰陽不能決定勝敗、存亡、禍福、善惡，「凡天道鬼神，視之不見，聽之不聞、索之不得、指虛無之狀，不可以決勝負，不可以制死生」。陰陽對人是無情誼的，只有依靠人才能取得戰爭的勝利，「任賢使能，不時日而事利，明法審令，不卜筮而事吉，貴功賞勞，不禳祀而得福」。李筌又認為地利雖是用兵的輔助條件，但就像天時不能依靠一樣，地利也不能依靠。地無險阻，全在將帥會不會利用。指出：「天時不能枯無道之主，地利不能濟亂亡之國。地之險易，因人而險，因人而易。」李筌還認為人的勇怯不是天生的，也與生長的地方無關，而全在於培養鍛鍊和使用是否得當，「勇怯在謀，強弱在勢。謀能勢成，則怯者勇；謀奪勢失，則勇者怯」，「勇怯在乎法，成敗在乎智。怯人使之以刑則勇；勇人使之以賞則死。」刑賞能使怯者變勇，使勇者變得不怕死。總之，勝敗存亡決定於人謀。人謀的最高標準是不戰而屈人之兵。他認為「善師者不陣，善陣者不戰，善戰者不敗，善敗者不亡」。主張以仁義道德為本，「有道之主能以德服人，有仁之主能以義和人」。崇尚智謀，認為自古以來沒有不用智謀而成王業的。所謂不戰而勝，就是用陰謀顛覆敵國。重視選賢任能，不僅要求把國內的各種專門人才收攬起來，而且敵國的人才也要求注意收買。主張賞罰公正，要求「賞無私功、罰無私罪」。重賞有功以勵全軍，重罰有罪以儆部眾。要求將帥關心愛護士卒，與其共安危，同患難，以取得士卒的擁護，聽從命令、拚死作戰。在軍事上重視廟算，乘敵之隙，攻其無備，揚己所長、避己所短，見利而進、無利而止等。他還主張發展農業生產，實行軍屯墾田，以使國家富強，軍隊強大。

《太白陰經》是唐代重要兵書，它輯錄保存了古代許多軍事資料，尤其是在唐朝佛教盛行的情況下，他扛起了樸素唯物主義自然觀的大旗，是難能可貴的。它還保存了唐代有關山川道裡，關塞四夷等資料，具有一定的軍事學術價值和史料價值。

《太白陰經》問世之後，受到後人的重視。有的在書中大量引用此書的內容，如唐杜佑《通典》就引用頗多；有的給予較高的評價，如清代學者錢曾說：「此書詳整有法，篇次精允，軍家之要典也。」當然，它也有很大的侷限性，如它一方面重人事、舍鬼神，強調「敵情不可求之於星辰，不可求之於神鬼，不可求之於卜筮」；（《行人篇》），一方面又輯錄了大量陰陽占卜之類的內容，這些內容雖然是古代軍中客觀存在的東西，但畢竟是非科學的，在一些篇章中，如《鑑人篇》等雜有許多唯心主義的糟粕。我們閱讀該書時應該注意鑑別和批判。

《太白陰經》始以抄本流傳，現存最早的抄本是明汲古閣抄本，清代又有多種抄本，如清初抄本、清內府抄本、平津館影宋抄本等。清嘉慶以後，被《墨海金壺》、《守山閣叢書》、《半畝園叢書》等多種叢書收錄，刊印行世。以上均為十卷本。另外還有《四庫全書》八卷本存世。

《李靖兵法》

《李靖兵法》又稱《衛公兵法輯本》，是清人汪宗沂把散見於《通典》中的李靖「語錄」輯錄而成。全書分為上、中、下三卷。上卷為將務兵謀；中卷為部伍營陣；下卷為攻守戰具。

《李靖兵法》繼承了前代優秀軍事學術遺產而有所發展。他特別重視「兵貴神速」，「料敵制勝」和「出敵不意」等兵法原則，不僅在理論上有所闡發，而且在實踐上運用得巧妙靈活。例如，李靖破蕭銑是利用三峽洪水泛漲，趁蕭銑不備而急速進軍進行奇襲；滅突厥時則利用唐儉前往撫諭突厥時，乘其不備而襲之；破吐谷渾又是在「春草未生，馬已羸瘦」時，深入敵境，乘其不備而襲之。這都是李靖用兵的特點，基礎則在於對情況的透徹了解。李靖把這些經驗上升到理論高度說：「夫決勝之策者，在乎察將之材能，審敵之強弱，斷地之形勢，觀時之宜利，先勝而後戰，守地而不失，是為必勝之道也。」

李靖還在理論上提出了「策略持久」的問題。他說：「兵之情雖主速，乘人之不及。然敵將多謀，戎卒欲輯，令行禁止，兵利甲堅，氣銳而嚴，力全而勁，豈可速而犯之耶？」「若此，則當卷跡藏身，蓄盈待竭，避其鋒勢與之持久，安可犯之哉！」這種對策略持久理論的論述在以往兵書中是不多見的。

李靖在戰術上也有所創造與發展。李靖在其《部伍營陣》中，有不少新的創見，其中「七軍六花陣」尤為突出。在實戰中，李靖通常採用楔形隊形，也就是《孫臏·十陣》中的「錐行之陣」。孫臏說：「錐行之陣，卑之若劍……末必銳，刃必薄，本必鴻。然則錐行之陣可以絕決矣。」錐行之陣是進攻隊形的一種形式，便於突破、分割敵人陣勢。在此以前，進攻一般是採用方陣。李靖把「錐行之陣」用作經常的戰鬥隊形，是個創舉。這也說明他在戰鬥中，勇於對敵進行突破與分割的攻擊精神。

李靖還首創了逐次抵抗，交互掩護的撤退方法，這種方法至今仍在採用。李靖在一千多年前就創立這種戰法，確是難能可貴的。此外，李靖的「行軍統行法」、「方陣行列」與行軍警戒、駐軍警戒等均極嚴密。足為後世法。

總之，李靖以其對古代兵法的精通，結合自己豐富的戰爭實踐經驗，在策略、戰術上不止繼承了前人的優秀遺產，加以靈活地運用，而且有所創造有所發展，在軍事技術裝備上也有所創新，使得該書具有很高的學術價值。

《百戰奇法》

《百戰奇法》又名《百戰奇略》，最早著錄見於明楊士奇撰《文淵閣書目》，其後見於明晁琛的《寶文堂書目》，明周弘祖的《古今書刻》，明焦的《國史經籍志》等書目，均未著錄作者。現存最早的版本是明弘治十七年（一五〇四）李贊刻《武經總要》附刊本，此本《百戰奇法·序》中說：「書亡作者姓氏。」說明作者已不可考。清黃虞稷等撰《補遼金元藝文志》著錄有《百戰奇法》，有人便以為是元代作品。但明李贊把它與宋代兵書《武經總要》合刻在一起；明茅元儀撰《武備志·策略考·序》中明確指出「宋有《百戰奇法》，繼有《百將傳》、《續百將傳》、《史略戰宗》」；明崇禎年間刊行的軍事叢書《韜略世法》，以《新編百戰百勝合法引證》為題全文收錄《百戰奇法》，卷端著錄為「宋謝枋得編輯，明汪淇參訂」。明鄒復序中指出，《百戰奇法》「未詳作者姓氏，……殆宋人手筆，張預、戴溪之流亞也」；又核查書中徵引近百個戰例均為五代之前的，而不見宋以後戰例的蹤影，據此推斷，它當成書於宋代。清游統道人輯的軍事叢書《水陸攻守策略祕書七種》和清抄本軍事叢書《帷幄全書十四種》，均收有《百戰奇略》，題明劉基（字伯溫）撰，將其與明刊本《百戰奇法》對照，內容相同，由此可見，清刊《百戰奇略》即為《百戰奇法》，題名明劉基撰顯係偽托之舉。對此，清咸豐三年麟桂重刻《水陸攻守策略祕書七種》時，在其為《百戰奇略》的題詞中已經指出：「此書題劉伯溫作，蓋亦託名。」近年學術界開展了對《百戰奇略》的考辯，一種意見認為是劉基所撰，並斷定是劉基「隱居力學」八年期間，攻讀《武經》時寫下的筆記。另一種意見否定為劉基所撰，其中有的並具體認定為清游統道人根據明劉寅《武經七書直解》的資料改編而成。稱「擀統道人既不是馳騁沙場之名將，也不是運籌帷幄的軍事謀略家，然而有了《武經七書直解》這部策略理論與史例引證齊全的寶藏，就輕而易舉地托出《劉伯溫先生百戰奇略》這部偽書」。以上意見和考辯都侷限於清代偽稱劉基撰的《百戰奇略》的抄本或刊本，沒有與《百戰奇法》連繫對照起來進行考證，所以用功甚勤，然而結論卻大謬。

《百戰奇法》是一部有編纂特點的兵書。本書作者廣收博采，將戰爭的諸方面概括歸納為一百個題目，即書名所講的「百戰」，每篇先闡發自己的認識，然後引一句古代兵書（主要是《孫子》）中的名言粹語概括本篇內容，最後引用戰例或將帥事跡言行以證之。如《謀戰》：「凡敵始有謀，我從而攻之，使彼計衰而屈服。法曰：上兵伐謀。」接著引證了春秋時，晉齊兩國君臣相互伐謀的戰爭實例。它融兵法理論和戰爭戰鬥實例於一體，便於理解和掌握，是其一大優點。

《百戰奇法》的篇目有：計戰、謀戰、間戰、選戰、步戰、騎戰、舟戰、車戰、信戰、教戰、眾戰、寡戰、愛戰、威戰、賞戰、罰戰、主戰、客戰、強戰、弱戰、驕戰、交戰、形戰、勢戰、晝戰、夜戰、備戰、糧戰、導戰、知戰、斥戰、澤戰、爭戰、地戰、山戰、谷戰、攻戰、守戰、先戰、後戰、奇戰、正戰、虛戰、實戰、輕戰、重戰、利戰、害戰、安戰、危戰、死戰、生戰、飢戰、飽戰、勞戰、佚戰、勝戰、敗戰、進戰、退戰、挑戰、致戰、遠戰、近戰、水戰、火戰、緩戰、速戰、整戰、亂戰、分戰、合戰、怒戰、氣戰、歸戰、逐戰、不戰、必戰、避戰、圍戰、聲戰、和戰、受戰、降戰、天戰、人戰、難戰、易戰、餌戰、離戰、疑戰、窮戰、風戰、雪戰、養戰、書戰、變戰、畏戰、好戰、忘戰。

《百戰奇法》有著非常豐富的內容。諸如戰爭性質、策略戰術、軍事謀略、國防戰備、作戰指導、後勤補給、軍事地理、將帥修養等方面都有所論述。在戰爭觀方面，它繼承了古代傳統的軍事思想，反對黷武窮兵，認為「不可以國之大，民之眾，盡銳征伐；爭討不止，終至敗亡」，同時又主張「安不忘危，治不忘亂」，認為「天下雖平，忘戰必傾」。在作戰指導方面，它主張靈活用兵，認為「兵家之法，要在應變，好在知兵。舉動必先料敵，敵無變動則待之；乘其有變，隨而應之」。主張「以計為首」，「先勝後戰」。在確有勝利把握的情況下，要不失時機地進攻，「見可而進」；在敵強我弱的情況下，不要硬拚，要避其鋒芒，「知難而退」，伺其空隙，待機而動。全書以大量篇幅論述了不同兵力對比、不同作戰對象、不同作戰形勢、不同天候地形條件下的不同戰法。如山戰要居高阜；谷戰要依附山谷；水戰要半渡而擊；火戰要掌握風候時機等。在治軍方面，主張先教而後戰，賞罰必信，恩威並重，將帥要關心愛護士卒，士卒要聽從指揮。在後勤補給方面，特別重視糧秣的供應，對己要確保糧道暢通和糧秣供應；對敵則要設法斷其糧道，迫敵屈服。在軍事哲理方面，由於它彙集了歷代兵法和戰史的許多精華，所以通篇充滿著樸素的軍事辯證法思想。如它特別重視人在戰爭中的作用，反對巫祝卜筮等迷信活動。它在《人戰》中指出，行軍作戰中出現貓頭鷹落在帥旗上，或者旗杆突然折斷等異常現象時，主帥要及時給予恰當的處置，穩定部隊士氣。只要禁止迷信的流行，消除部隊的疑惑，就是戰死也不會退逃。它在解釋「窮寇勿追」時，明確提出了「物極則反」的觀點，指出：「凡戰，如我眾敵寡，彼必畏我軍勢，不戰而遁。切勿追之，蓋物極則反也。宜整兵緩追，則勝。」意思是，在戰爭中，我眾敵寡，敵軍畏懼而逃跑，這對我是有利的態勢，但這時不能急追，急迫會迫使敵人由逃跑轉化為拚死抵抗。這樣對我不利。「勿追」不是不追，而是緩追，待機殲敵。它還用轉化的觀點論述了強與弱、眾與寡、勝與敗、安與危，以及將帥愛士卒與士卒尊將帥的辯證關係。

另外，《百戰奇法》對《孫子》的許多觀點的詮釋和闡發有獨到見解。如《孫子》的「其下攻城」，一向被指為歷史的侷限性。《百戰奇法》的作者似乎不同意這種觀點，並認為「其下攻城」是一般的戰爭指導原則，是與「伐謀、伐交、伐兵」相對而言的。是主張以小的代價換取大的勝利，不希望以大的代價換取大的勝利。它指出：「凡攻城之法，最為下策，不得已而為之。若彼城高池深，多人而少糧，外無救援，可羈縻取之，則利。」它徵引前燕與東晉廣固之戰戰例，用燕將慕容恪的話表達了這一思想：

「若我強敵弱，敵人外面又沒有援兵，我軍有足夠力量制服敵人，這時就要先牽制住敵人，慢慢圍困他們，等待敵人陷入絕境。《孫子兵法》上說有十倍於敵的兵力就包圍它，有五倍於敵的兵力就進攻它，即是這個道理。東晉的段龕很注意團結部屬，其部屬沒有背叛他的跡向。現在他們憑藉著堅固的城牆，上下一心防守。如果我們使用全部精銳部隊進攻它，用幾十天的時間雖然也能攻下來，但那樣我們要死傷許多將士。所以用兵作戰，最重要的是靈活機動。」最後慕容恪用圍而不攻的戰法，征服了廣固。再如對《孫子》的「圍師必闕」，它從敵我兩個方面闡述了「圍師必闕」的實質是一種精神戰術，手法是虛留生路，目的是動搖敵人堅守意志，誘敵逃跑。圍攻敵人要「圍其四面，須開一角，以示生路，使敵戰不堅，則城可拔，軍可破」。這一戰術我可用，敵也可用，所以它又指出了對付這一戰術的方法：敵人圍攻我時，「當圓陣向外，受敵之圍。雖有缺處，我自塞之，以堅士卒之心。四面奮擊，必獲其利」。

《百戰奇法》彙集歷代兵法精粹和戰史資料，條分縷析，分類排纂，言簡意賅，既可作為兵法理論來閱讀，又可作為工具書供查閱戰史資料來使用。明王鳴鶴將本書前五十戰收入他的《登壇必究》，並評論說：「《百戰奇法》五十款，款下各附合於孫子法，且更以古人之行事證之，利害得失昭然於心目之間，殊足以啟發後人，而戰道略備矣。」其體例對後世影響頗大，明清的許多兵書如《白毫於兵》、《兵經百篇》、《三十六計》等都採用這一體例。流傳甚廣，有一定參考價值。但是，書中也充滿著許多封建糟粕，閱讀時需要加以批判；有些篇題立論不夠恰切，如「害戰」聽起來很費解，實際講的是要塞地區防禦作戰戰法；有些兵法、戰例選擇不夠精當；前後體例不夠統一，如引用戰史資料，只有個別篇章註明出自《南史》、《北史》、《五代史》，大多數均未註明來源，這不能不說是一個重要缺陷。

《百戰奇法》未見有宋、元刊本。現在所能見到的最早本子是明弘治十七年（一五〇四）李贊刻《武經總要》附刊本，之後又有明金陵書林唐富春刻《武經總要》附刊本、明嘉靖七年李詔德刻單行二卷本。明崇禎年間刻《韜略世法》收錄此書時改名為《新編百戰百勝合法引證》。清雍正以後，《帷幄全書》、《水陸攻守策略祕書七種》等叢書及抄本將其更名為《百戰奇略》，並偽稱明劉基撰，影響很大。直到近年有的出版社出版的鉛印本、註釋本仍沿襲這一錯誤說法。

《武經總要》

宋代官修兵書，曾公亮、丁度等奉敕撰。《仁宗皇帝御制序》中說：「深帷帥領之重，恐鮮古今之學，命天章閣待制曾公亮等同加編定……《武經總要》」，「尚書工部侍郎參知政事丁度總領書局。」這說明曾公亮是編纂官，而丁度是組織編纂者。曾公亮（九九九至一〇七八），字明仲，北宋泉州晉江（今屬福建）人，宋仁宗天聖年間中進士，知會稽縣，後知鄭州、知開封府。仁宗嘉六年（一〇六一）為宰相，以熟悉法令典故著稱。晚年推薦王安石於神宗，共同輔政。熙寧二年（一〇六九）以年老自請罷相。加太保，卒謚宣靖。丁度（九九〇至一〇五三），字公雅，北宋祥符（今河南開封）人，文字訓古學家。仁宗時，累官至端明殿學士。後拜參知政事，罷為觀文殿學士，再遷尚書左承。卒謚文簡。著述有《邇英聖覽》、《龜鑑精義》、《禮部韻略》、《編年總錄》、《貢舉條式》等。另外，關於陰陽星占等內容是為古代軍中專門學問，係由司天監楊帷德等參考舊說編纂而成。

據宋晁公武《郡齋讀書志》記載，康定（一〇四〇）中，朝廷恐群帥昧古今之學，命公亮等采古兵法，及本朝計謀方略，凡五年奏御。這就是說，《武經總要》共用五年編成，成書於一〇四四年。另據《續資治通鑑長編》卷一四四、《宋史·仁宗紀》和《玉海》卷一四一記載，慶歷三年（一〇四三）十月乙卯詔修兵書，並命丁度提舉。但未言及完成時間。

《武經總要》分前後兩集，各二十卷，共四十卷。其中前集的第十六卷、十八卷，後集的第十九卷各分上、下兩卷。明弘正年間刻本移原第十六卷下的《北蕃地理》為第二十二卷，又把原第十八卷下作為第十九卷，改原第十九、二十兩卷為二十、二十一卷，這樣前集就多出兩卷。後集亦如此例。所以有些版本和書目上著錄為前集；十二卷，後集二十一卷，合計共四十三卷。然紹定四年（一二三一）趙休國跋稱全書四十四卷，不知是計算有誤，還是合併、缺佚？另外明正統間李進序刻本、明嘉靖刻本附刻《行軍須知二卷》，明弘治間李贊刻本、明金陵唐富春刻本附刻《百戰奇法》二卷、《行軍須知》二卷。

《武經總要》的篇目如下：

❖ **前集**——卷一：選將、將職、軍制、料兵、選鋒、選能；卷二：講武、教例、教旗、旗例、習勒進止常法教平原兵、教步兵、教騎兵（鼓角金鉦教場圖等）、教法（教條十六事、三令五申）、草教法（併圖）、日閱法（併圖）、騎兵習五變圖、步兵習四變圖、教弩法（併圖）、教弓法；卷三：敘戰、抽隊、軍爭、以寡擊眾、捉生；卷四：用車、用騎、奇兵、料敵將、察敵形；卷五：軍行次第（併圖）、行為方陣法（併圖）、禁喧、度險、出隘、齎糧、斥候聽望、探旗、探馬、遞鋪、烽火、行烽、軍祭、軍誓；卷六：下營法、營法、諸家營說、下營擇地法、綠營雜制、警備、備夜戰法、立號、定鋪、持更、巡探、漏刻、防毒、尋水泉、養病、征馬；卷七：大宋平戎萬全陣法（併圖）、大宋八陣法（併圖）、大宋常陣制；卷八：八陣法、握奇圖、金鼓旌旗數、李靖陣法、裴子法、常山蛇陣、八陣圖；卷九：九地、六形、雜敘戰地、土俗；卷十：攻城法（並器具圖）；卷十一：水攻（併圖）、水戰（濟水附，併圖）、火攻；卷十二：守城（並器具圖）；卷十三：器圖；卷十四：賞格、罰條；卷十五：行軍約束、符契、傳信牌、字驗、間諜、鄉導；卷十六上：河北路；卷十六下：北蕃地理、戎狄舊地、中京四面諸州；卷十七：河東路；卷十八上：陝西路；卷十八下：西蕃地理；卷十九：益利路；梓夔路；卷二十：荊湖北路、荊湖南路、廣南東路、廣南西路。

❖ **後集**——一至十五卷為故事：故事一：上兵伐謀、不戰屈人之師、用間、用謀、覘國、用敵人以為謀主、縱生口；故事二：明賞罰、軍政不一必敗、軍無政令必敗、將帥和必有功、將帥不和必敗、法貴不犯、兵道尚嚴、臨敵不顧親、仁愛、士卒同甘苦、親受矢石、撫士、得士心、得士死力、貴先見、知己知彼、料敵主將、料敵制勝、料敵形勝；故事三：方略、權奇、臨時制宜、詭道、奇計；故事四：將貴輕財、將貪必敗、臨敵易將、將驕必敗、矜伐致敗、不矜伐、將帥自表異致敗、將帥自表異以奪敵心、均服、隱語、先鋒後殿、擊其後、退師；故事五：出奇、伏兵、多方以誤之、聲言欲退誘敵破之、聲言怠敵取之、稱降及和因懈敗之、卑辭怠敵取之、甘言怠敵以擊之、擣虛、擊東南備西北、聲言擊東其實擊西、示形在彼而攻於此；故事六：張大聲勢、先聲後實、疑兵、察虛聲、避實擊虛、以寡擊眾、攻其必救、夜擊、潛兵襲營、橫擊、掩襲、偽退掩襲；故事七：持重、輕敵必敗、戒輕舉、堅壁挫銳、避銳、以逸待勞、矯情安眾、軍中虛偽、克敵安眾心、辨詐偽；故事八：御士推誠、與敵推誠、以恩信結敵人、知人、善用人、解仇用人、使過、示信、示義、以義感人、激怒士心；故事九：絕藝、挑戰、勢宜決戰、臨危決戰、戮力必勝、驍勇敢前、陷陣摧堅、表裡夾攻、乘勝破敵、乘機破敵、乘風雨破敵、散眾；故事十：兵貴有繼（兵無繼必敗附）、兵多宜分軍相繼、救兵、力少分兵必敗、分兵勢破之、上速、示緩（攻敵有緩急附）、示弱、示強、示閒暇、設詐誤敵（此條正文缺）、素教、素備、先設備取勝（戒不備附）；故事十一：新集可擊（擊未集附）、半濟可擊、飢渴可擊、心怖可擊、奔走可擊、氣衰可擊、糧盡可擊（糧道不繼必遁，附）、不得地利可擊、天時不順可擊、不暇可擊、不戒可擊、將離部伍可擊、撓敵可擊、陣久力疲必敗、攻不整、敵無固志可擊、擊不備、出不意大陣動可敗、擊未成列；故事十二：餌兵勿食（防毒附）、圍敵勿周、窮寇勿追、高陵勿向、佯北勿從、察敵進止、察敵逃遁、歸師勿遏、死地勿攻、立奇功、軍師伐國若中路遇大城須下而過、舍小圖大、師不襲遠、軍勝重掠伏襲必敗、擊歸墮、地有所不爭；故事十三：察敵降（料降詐降附）、招降、諭以禍福、縱舍、占候、至誠獲神助、推人事破災異、假托安眾、下營擇地、據險、先據要地、據水草、絕水泉、據倉廩、斷敵糧道、伏歸路敗之；故事十四：水戰、濟水、斷船路、引水灌城、擁水誤敵、火攻、用車、用騎、遊騎；故事十五：修城柵、攻城、守城、屯田、讓功、辭賞。十六至二十卷為占候：占候一：天占、地占、五行占、太陽占、太陰占；占候二：日辰占、五星占、二十八宿次舍、星變、風角；占候三：雲氣、氣象雜占、軍行災異雜占、太乙；占候四：太乙定主客勝負陽局立成、太乙定主客勝負陰局立成；占候五：六壬、遁甲。

《武經總要》是北宋封建王朝用國家力量來編輯的一部大型綜合性兵書，也是中國第一部官修兵書。它對於軍事組織、軍事制度、用兵選將、步騎訓練、行軍宿營、古今陣法、策略戰術、武器裝備的製造和使用、軍事地理、歷代用兵實例、陰陽星占等各個方面都有所論述。其中營陣和武器裝備兩部分，還附有大量的插圖。「前集備一朝之制度、後集具歷代之得失」，較完整地保存了北宋前期的軍事制度；「采春秋以來，列國行師制敵之謀，出奇決勝之策，並著予篇，隨其效應依仿兵法以分其類目」。極便查找。所以，它不僅具有重要的軍事價值，而且具有重要的史料價值。特別是前集價值更大一些。後集的內容，一部分是輯錄前代用兵的故事，一部分是論述「兵陰陽」。但是它對於兵陰陽有自己的獨立見解，認為陰陽為軍事天文，是用兵的輔助條件，「仰觀天文著在圖籍，昭昭可驗者也」。反對舍人事任鬼神。它說：對於陰陽「使拘者為之，則牽於禁忌、泥於小數，舍人事任鬼神。凡誓軍旅履行陣，制勝決於人事；參以天變，則衄者鮮」。儘管它這樣認識，但是所輯錄的陰陽占卜資料卻多屬詭誕迷信之談。

《武經總要》的編纂反映了宋朝至仁宗時軍事思想的變化。眾所周知，宋初為防止武臣奪權，以「安內」為首，實行以文制武，「將從中御」的治軍原則，致使宋軍屢遭失敗。在血的教訓面前，宋朝廷開始否定宋太祖以來的軍事思想，認識到「國事在戎，設營衛以整其旅」。在朝廷敕命編纂的這部兵書中，總結了包括宋代在內的歷代戰爭經驗，重新肯定了「兵貴知變」這一兵家的優秀傳統思想；重視將帥的作用和選拔，指出「君不擇將，以其國與敵也」；重視軍隊的訓練，認為「蓋士有未戰而震懾者，馬有未馳而疲汗者，非人怯馬弱，不習之過也」；重視賞罰，「申賞罰以一其心」，具體規定了「賞格」、「罰條」，等等。

《武經總要》記載了豐富的古代科學資料，尤其是首次比較全面具體的記載了古代各種武器裝備的製造技術。所記載的北宋時期武備上使用的各種長短兵器、遠射兵器和防禦武器的說明及附圖，生動地勾畫出了自南北朝、隋、唐、五代傳襲而來迄宋更有發展的武器形象的輪廓。它所涉及的科學內容，用現代科學術語表達，包括化學、力學、聲學、磁學、熱學等，有些方面代表了中國宋代的科學技術水平，有些記載則是世界第一流的科學發現。如中國古代四大發明，本書就詳細記載了其中的兩種。一種是指南魚。磁性指南在中國發源甚古，漢代王充《論衡》中已出現指南杓。西晉崔豹的《古今注》中也提到過指南魚，但如何製作，未有詳載。《武經總要》第一次詳細記載了製作方法：「魚法以薄鐵葉剪裁，長二寸，闊五分，首尾銳為魚形，置炭火中燒之，候通赤，以鐵鈐鈐魚首出火，以尾正對子位，蘸水盆中，沒尾數分則止，以密器收之，用時置水碗於無風處，平放魚在水面令浮，其首常南向午也。」這是人類歷史上第一次記載的用地球磁場進行人工磁化的方法。尤其可貴的是，那時我國先人已意識到地球有磁傾角存在，所以，懂得「沒尾數分則止」，不讓鐵片與地面平行放置。另一種是火藥配方。火藥雖然在唐代已經發明，但最早明確記載火藥配方的是《武經總要》。在前集卷十一和卷十二中，記述了三個火藥的配方：毒藥煙球法，用十三種藥料，搗合為球；蒺藜火球法，含有十種藥料；火炮火藥，含有十四種藥料。另外還記載了現代意義上的火箭，即前集卷十二記載的「放火藥箭者，則加樺皮羽，以火藥五兩貫鏃後，燔而發之」。《武經總要》在科學技術史，尤其是軍事技術史上占有十分重要的地位，對於中國古代文化史的研究也有著重要作用。

《武經總要》於慶歷四年（一〇四四）經宋仁宗核定後首次刊行。南宋紹定四年（一二三一）又曾重刻。但兩宋刊本今均不得見。現存較早的版本是明弘治、正德間（一四八八至一五二一）據宋紹定本重刻本。此本遇宋帝、本朝字樣提行，廟諱痕跡仍有保留，可以看作是覆宋本。明弘治十七年李贊刻本、明嘉靖刻本、明金陵書林唐富春刻本、明刻本、明萬曆三十六年莊重抄本等明刻明抄本都是善本。現存版本中唯以《四庫全書》本和以此本為底本影印的《四庫全書珍本初集》本最劣，此本的重要問題是內有缺頁，妄事連綴；擅改原著中的「北虜」、「匈奴」等文字；抄寫錯誤；插圖失真。

《虎鈐經》

作者許洞（九七六至一〇一五），字淵夫，又字洞夫，吳郡（今江蘇蘇州）人。北宋早期軍事理論家。

許洞幼習弓矢技擊，生平以文章自負，對《左傳》有較深的研究。宋真宗成平三年（一〇〇〇）中進士，被派往今甘肅天水任低級軍官。不久因得罪上司，又加上自己在經濟上有失檢點，被罷歸鄉里，開始潛心研究軍事理論。據他在《虎鈐經・自序》中說，這本書創意於辛丑（一〇〇一）之初，成文於甲辰（一〇〇四）之末，共用了約四年時間。較《武經總要》的成書時間（一〇四四），還早四十年。成書後次年，他上獻《虎鈐經》，由於朝廷內部鬥爭的牽連，未被重用，只當了個均州（今湖北均縣）

參軍。大中祥符四年（一〇一一）又獻《三盛禮賦》，召試中書，改烏江縣（今安徽和縣）主簿。卒於大中祥符八年（一〇一五）。

《虎鈐經》宋刊原本已不可得見。現存較早的版本是明覆宋刻本、明刻本、明抄本。清嘉慶以後的刊本、抄本大多以曾釗的校訂本為底本。現存叢書本主要有《范氏奇書》本、《四庫全書》本、《粵雅堂叢書》本、《叢書集成初編》本等。

《虎鈐經》共二十卷，二百一十篇。鈐為鎖鑰，喻機謀，虎喻將軍。「虎鈐經者，將軍之事也。」它的前十卷基本上是彙集從《孫子》到《太白陰經》等前人論述，參以己意而加以綜合，具有樸素的軍事辯證法思想。後十卷多為陰陽占卜等，荒誕不經，撲朔迷離，沒有什麼軍事價值。前十卷的主要內容為：第一卷講述治軍的一般道理，第二卷論述將領，第三卷講兵機、謀略，第四卷講述進攻，第五卷為地形天候的利用，第六卷講安營紮寨，第九卷為各種陣法，第十卷為人馬醫藥。後十卷為各種雜式雜議。

許洞認為：「《孫子兵法》奧而精，學者難於曉用；李筌《太白陰經》論心術則祕而不宣，談陰陽又散而不備。乃演孫李之要而撮天時、人事之變，備舉其占，凡六壬遁甲、星辰日月、風雲氣候、風角鳥情，以及宣文設奠，醫藥之用，人馬相法，莫不俱載。」該書是北宋開國後第一部對後代有一定影響的兵書。

《虎鈐經》的軍事思想，主要可以總結為如下幾點：一是勝敗之事，皆繫於人。許洞認為戰爭的勝敗，從大的方面講，其原因是天時、地利、人事三個方面，但人事卻是頭等重要的，這是對姜尚、孫武等重視人事思想的很好的強調和說明。二是勝兵先勝，勝在於我。許洞進一步強調了先勝者只有把各種事情做好了，才能夠取得戰爭的勝利。三是用兵之要，先謀為本。許洞提出既要考慮到矛盾的雙方，又要考慮到勝敗可以轉化，要研究我方由勝轉敗和由敗轉勝的條件。四是用兵之術，知變為大。知變就是見機而作，一切根據情況辨事。

《虎鈐經》在繼承前人的軍事辯證法思想的基礎上，又將古代樸素的唯物思想大大向前推動了一步，頗具歷史價值。

《守城錄》

《守城錄》是南宋初刊行的一部城邑防禦專著，係陳規和湯王壽所著。

陳規，宇元則，密州安丘（今屬山東）人，北宋熙寧五年（一〇七二）生，青少年時喜讀兵書，重視研究軍事。成年後，兼有文韜武略。靖康元年（一一二六），陳規知安陸（今湖北安陸）令，曾經奉命率兵赴開封勤王，因途中受阻而還。其時，有一部分被戰敗的宋軍轉而為盜，圍攻德安府城（今湖北安陸），為害百姓。陳規奉命守城，多次擊退攻城亂軍。南宋建炎元年（一一二七），陳規以通直郎知德安府，在任期間，亂軍九次進犯德安，陳規率領軍民「九攻九拒，應敵無窮，十萬百萬，靡不退卻」。在金軍大舉進攻時，中原州郡全部陷落，只有德安一城獨存。後又改任知順昌府（治今安徽阜陽），他修繕城防，招集流亡民眾，編組抗金力量，與抗金將領堅守順昌，打退金將完顏宗弼數十萬軍隊的多次進攻，因功升樞密院直學士。南宋紹興十一年（一一四一），宋金議和後，改任廬州知府兼淮西安撫使。次年，病卒。

陳規在德安、順昌時，行軍屯，立堡寨，修城防，治器械，創製長竹竿大槍，長於守城，是南宋時期著名的軍事技術家。所撰《靖康朝野僉言後序》和《守城機要》各一卷，沉痛總結了開封失陷的教訓和他堅守德安的經驗，反映了他的軍事理論。《宋史·陳規傳》稱《守城機要》為《德安守城錄》。南宋乾道八年（一一七二），宋廷下詔將其刻印並頒行天下，令各地守城將領傚法。史家稱道：「自紹興以來，文臣鎮撫使有威聲者，唯規而已。」

湯王壽，字君寶，瀏陽（今屬湖南）人。南宋淳熙十四年（一一八七）進士，曾任德安府學教授、國子博士、知常州、大理寺少卿等職。所著《建炎德安守禦錄》上、下卷，追記了陳規守德安之事。

《守城錄》全書由三部分組成，共四卷，約一萬七千八百字：第一部分為卷一，係陳規撰寫於南宋紹興十年（一一四〇）守順昌時所作之《靖康朝野僉言後序》，第二部分為卷二，系陳規在守德安時所作之《守城機要》；第三部分為卷三和卷四，係湯王壽任德安府教授時所作之《建炎德安守禦錄》上、下卷。這三部分內容原本各自成帙，大約在宋寧宗（一一九五至一二二四）後才合編為一書。後被四庫全書、守山閣、墨海金壺、瓶花書屋、長恩書室、半畝園、叢書集成初編等叢書所收錄。《明辨齋叢書》選收了《守城機要》與《建炎德安守禦錄》。另有清乾隆四十年（一一七五）抄本，以及嘉慶、道光時刻本。

《守城錄》係城防專著，其精言粹語大多集中在城池建築、守城器械的製造與使用、守城戰法等方面。

《守城錄》的分卷

卷一　靖康朝野僉言後序

本卷主要是陳規就北宋京城開封被金軍攻陷後，對城池守禦戰的策略、戰法等問題的論述，認為開封之失不在於「天數」而在於「人事得失所致也」，即開封之失陷，全在於將吏官帥的失職，並提出了應對金軍攻城戰的若干戰法。

北宋靖康二年（南宋建炎元年，一一二七）正月，陳規在德安府（府治今湖北安陸）得知開封失陷的消息後，認為「都城之大，壕塹深闊，城壁高厚，實龍淵虎壘」之地，況且又有禁旅衛士百萬之眾，即便金軍能乘一時之猛勢前來進犯，也不至於遭致城破國亡的慘禍。當陳規了解金軍攻破開封的全過程後，指出「金人攻陷京城，朝廷大臣與將吏官帥應敵捍禦之失，雖既往不咎，然前車之覆後車之戒事，有補於將來，不可不備論也」。當朝廷要發兵救援太原時，有的大臣竟然提出「中國勢弱，敵勢方強，用兵無益，宜割三鎮以賂之」的投降論調。陳規則認為：「勢之強弱在人為，我之計勝彼則強，不勝彼則弱。若不用兵，何術以壯中國之勢，遏敵人之強。用之則有強有弱，不用則終止於弱而已。」所以他指出：「強者復弱，弱者復強，強弱之勢，自古無定，在於用兵之人如何耳。」在當時亡國投降之論充滿朝野的情勢下，陳規之論如石破天驚，有力地激勵了愛國官兵抗金的鬥志。

陳規指出：當時河東宣撫使統兵十七萬，加上河東義勇五萬，共二十二萬兵力援救太原，結果仍然失敗，這是為什麼呢？這是由於統兵將領沒有將二十二萬兵力分作幾路進兵，而是集中在一路「直行而前」，當與金兵遭遇時，只有少數先鋒部隊同敵作戰，後面大部隊擁擠堵塞，戰鬥力不能發揮，結果先鋒部隊一敗，後面大部隊也立即混亂潰退，一敗塗地。這完全是由於統兵將領不善於指揮造成的。如果將二十二萬兵力分作幾路行進，一路為主力策應各方，一路深入敵境，襲擊敵後，一路斷敵後路，使其敗不能退，一路用嚮導引路，伏兵於敵人運糧的路旁，斷絕敵人的糧秣，一路斷敵援兵，使敵軍孤立無援。這樣分兵幾路，各路兵力的戰鬥力便能充分發揮，使敵應接不暇，即使一路失利，也不至於一齊敗潰。所以開封的失陷，是援太原之戰的失利造成的。陳規雖非職業軍事家，但他的論述表明他是一位善於用兵並以謀略取勝的傑出指揮員。

陳規認為，善於守勝的將領，小城能守，大城也能守。如金將尼瑪哈進攻壽陽（今屬山西）時，「壽陽城小而百姓死守，凡三月，殘敵之眾萬人，而竟不拔，此必守城人中有善為守禦之策者」。至於開封這樣的大城也應能堅守。他說：「城愈大而守愈易」，只要把全城分作若干區段，劃定各守城軍隊分守的界限，並在戰前做好各種守備設施，配置適當的兵力兵器，便能使敵不能登城。即使登城，也能置敵於死地；「敵欲入城，引之入城，已入，即死」；像開封這樣百里大城，即使有數步之地被敵人攻破，也不難將其消滅；開封之失，是由於守城之人不戰而降敵，這不是敵人善於攻城，「乃（是）守之不善也」。陳規認為：要進行守城戰，「在乎守城之人於敵未至之前，精加思索應變之術，予為這備耳」。陳規的論述，切中開封失陷的要害。

卷二　守城機要

本卷主要論述陳規對德安城的改造。德安府城是南宋荊湖北路的一座中小型城池，占地面積不大，全城原周長七里，牆高二點二五丈，其橫截面底寬約三丈，頂寬一點五丈，女牆一八三八堆，戰棚四十八處，角樓四座，城門和門上城樓各八座，甕城八座（牆高一點五丈，各偏開一到二道甕城門），距城外三丈多處有五到十丈的湖水環繞，形成天然的護城河。陳規針對金軍作戰的特點，對德安城作了如下改造：

❖ **將原女牆改為平頭形女牆**——陳規認為：德安城原構築的女牆、堆口，只能「遮隔矢石，若禦大，全不濟事」。經過改造後的平頭女牆高六尺，厚二點一尺，牆面每隔一定距離開設一個一尺見方的射孔，上下兩排，上排距頂一尺半，下排距上排一尺半，兩排成品字形布列，兩孔口間相隔三尺。這種女牆既能有效地防止金軍用拋石機發石擊砸，又可透過射孔射擊敵軍。

❖ **增加城門的防禦設施**——陳規指出：德安城門舊制，「以御尋常盜賊則可以遮隔箭鏃，若禦敵人大（拋石機）則不可用」。改造的設施有三：一是在城門頂上建雙層城樓，上層居高開闊，既便望，又便射敵，下層士兵可用刀槍同敵近戰，二是廢去甕城，改築護門牆，裡外各一道，以遲滯敵軍的進攻，三是增設暗門，當敵軍突破門外護牆時，阻止敵軍突入門內。

❖ **建築重牆，重壕**——陳規主張：在一牆一壕的德安城外與護城河之內，建築一道羊馬牆，又在城內建築一道障礙性壕溝，在壕溝內側的適當位置再建築一道內牆，使德安城成為二壕三牆的環形防禦帶，以加大其防禦層次和縱深。陳規設計改造的羊馬牆距主牆二點七丈，牆的根部先建築成帶形台基，基高二點七尺，長寬各九點六尺；台上築牆，底寬三點六尺，高九尺，頂寬三尺；二壕三牆剖面圖在距牆基二點四尺和四點二尺處，各開一排一尺見方的射孔，成品字形排列，其作用與平頭女牆的射孔相同。

❖ **改建城牆的四角**——陳規指出：「城身舊制多是四方，攻城者往往先用攻角，以其易為力也。城角上皆有敵樓、戰棚，蓋是先為堤備，茍不更改，攻城者終是得利。」因此，在陳規主持下，德安城的四角由直角改為弧形角。東北角為內凹圓弧，其餘三角為外凸圓孤。這種孤形城角便於兩面守軍互相策應，能從側後殺傷攻城敵軍，擴大了擊敵之面。

此外，陳規還在四面城牆多開二三道門，平時偽裝不用，戰時便撤去偽裝，守軍可迅速破門而出，攻敵不備，戰而勝之。經過改造的德安城，終於有效地打退李璜叛軍的多次進攻。

卷三卷四　德安守禦錄

這兩卷主要是湯璹在南宋淳熙十四年（一一八七）後任德教授時，追記陳規在德安的守城事跡，並將此書上奏朝廷。書中透過對陳規守城事跡的記載，論述了陳規在守禦德安城、打退叛軍進攻的作戰中，所創造的守城戰法和種種感人事跡，同時將陳規在守城戰中取得的許多寶貴經驗，記載於書中。從靖康元年十二月二十一日「王在叛軍寇德安二十一日引去」起，至紹興二年（一一三二）六月十三日「李璜寇德安六十五日引去」止的五年半中，先後「九攻九拒，應敵無窮」，打退了叛軍的進攻。其中以紹興二年六月十三日李璜寇德安，到八月十九日被陳規擊退的一次德安攻防戰最為著名。

據湯王壽在《德安守禦錄》卷下記載：「紹興二年六月十三日，桑仲餘黨知鄧州李璜，號九哥哥，領襄陽府鄧、隨、郢州所管軍馬及逐州百姓共約五六千人，內正兵約四千人，前來德安府近城下寨，大小七十座……於（德安城）四外更互相應，把斷（德安城的）出入之路，圍閉府城內外，風水不通，氣勢洶洶，意欲奪城。」陳規一方面組織小股兵力出城反擊，另一方面又對李璜所部喊話，曉以利害，指出後果，李璜置若罔聞，多次攻城，均被擊退。於是李璜於七月初四日，「親領衙兵，往隨州至襄陽府喚木匠、鐵匠，搬取牛皮繩索，及於大洪山取氈及索，十餘日回來，再造天橋洞子、山梢大及雲梯等攻城器械」，於八月四日，強行攻城。李璜所造天橋洞子甚為高大：橋身高三點五丈，闊二丈，底盤長六丈，靠六根巨大的腳柱支撐於地；橋身正面分三層，正面、兩側和頂部，都用牛皮與厚氈作頂蓋、掛搭，以御矢石；士兵可從天橋後部分三層登橋攻城。對守城戰多有研究的陳規，在此期間祕密組織部下，用「火砲藥造下長竹竿火槍二十餘條」，並籌措了干竹、柴草及三百頭牛，準備用火攻之法焚燒叛軍的天橋。當守城戰進行到八月十九日時，陳規趁天橋傾陷之機，一面指揮士兵推柴草至天橋下焚燒，一面又組織一支長竹竿火槍隊「六十人，持火槍自西門出，焚天橋，以火牛助之，須臾皆盡，璝拔砦去」（《宋史．陳規傳》）。陳規取得了德安保衛戰的勝利。

史書對長竹竿火槍的形制構造未作記載，但從德安守城戰的記事中可知其槍身較長大，須三人使用一支，一人持槍，一人點放，一人輔助，因已距北宋初所用火藥一百五十多年，槍內裝填的火藥的性能當有較大改善，其燃速快，火力大；由於槍身長大，裝填火藥多，噴射時間較長，所以能在其他火攻方式的配合下，將大型天橋焚毀。由於長竹竿火槍比火藥箭、火球使用方便，所以陳規受到史家的稱道，成為中國和世界上最早創製管形火器的軍事技術家。《守城錄》的理論精義在於城池的建築與攻守城器械的運用。

《守城錄》的理論

「善守」是保全城邑的關鍵長竹竿火槍

靖康元年（一一二六），金軍攻陷東京汴梁（今河南開封）後，朝廷權貴昏聵無能，以開封城大難守，以及金軍多而猛為由，推卸開封失陷的責任。陳規認為，宋軍之所以棄地失城，全在於統兵者守禦之術的不善，有而不善用，更不善於以禦。因此，開封的失陷在於守城者不「善守」。他以壽陽（今屬山西）抗金之事為例說，壽陽城小而勢單，但金軍萬人之眾，三攻而不能破，這是城中守將「善守」的結果。陳規以京都開封因不「善守」而失，小城壽陽因「善守」而全的鮮明對照，說明城邑守禦得失的關鍵所在，充分反映了他關於勢之強弱、城之大小、兵力眾寡、器械多少、技術優劣、戰術得失的辯證思想。

城牆要因敵之攻具而及時改建

陳規具體分析開封城失陷的原因後指出，開封城雖大雖堅，但沒有針對金軍的攻城器械和戰法，進行適當的改建，因而不能有效地阻止金軍的進攻。如金軍用拋石機擊砸城上女牆，使守城士兵每日傷亡十到二十人。如果守城者能及時將女牆加高、加厚，再用大木加固，也就不會有如此重大的傷亡了。如果在開封城牆的內側，再挖一道深壕，建築一道裡城，即使金軍攻破第一道城牆，一時也無法填平城裡的深壕，攻上第二道城牆。此時，守軍便可以用城上眾多的守城器械，擊打攻城金軍，使其遭受重大傷亡，守城便可成功。可惜，當時的守城者並沒有這樣做，致使金軍攻城得逞。陳規指出，守衛開封東水門的官兵，因增築了重樓和準備了充裕的守城器械，因而能與金軍反覆相持，多次爭奪，雖未全勝，但也使金軍付出了重大的代價。此外，陳規還列舉了多種改善城防建設的舉措，反映了他關於城防建築不能一勞永逸，而要根據實戰需要進行臨戰改建的思想。

以拋石機守城制敵的理論

陳規不但對守城戰術和城池改建方面作出了精闢的論述，而且還對使用拋石機守城制敵的技術和戰術提出了創造性的見解。他在總結開封失陷教訓的基礎上，結合德安城防守的需要，提出了制用和加固堀防的觀點：「攻守利器，皆莫如，攻者得用之術，則城無不拔。守者得用之術，則可以制敵。……不厭多備，若用得術，城可必固。」

陳規所提制用的措施，主要有以下幾個方面。

首先，要聘請技精藝熟的能工巧匠，選取堅實而又少支節的櫟木和檀木，作為製作梢的原料，把它放在溝渠中浸泡百餘日至半年的時間，再取出剝皮風乾，待至六月或十一、十二月時，用麻索和獸皮條，將梢從頭至尾間隔隙紮緊密。用此法製成的梢自然就堅挺有力而又不會彎曲折斷了。與此同時，還要製作數量眾多、重為五斤的黃泥彈。這種重量一致的球形黃泥彈，既能拋得遠打得準，又不會被敵人用作彈打上城來，因為泥彈落地後就被砸碎不能再用了。突火槍其次，要針對金軍的攻城戰法，採取行之有效的守禦和反擊戰術。陳規指出，金軍在進攻堅堀時，通常先用濕木編成各種「洞屋」，用生牛皮蒙覆其上，人在其下搬運土木和填平城壕，放置壕橋。

然後將「對樓」鵝車洞子、雲梯等高層攻城器械運過壕橋，以便攻城。與此同時，在城下布設幾十具甚至上百具的七星、撒星、座石，向城上拋擊，並用強弓勁弩齊射，致使城上矢石如雨，守軍不能存立。最後便推「對樓」接近城牆，「對樓」中所藏的八十名士兵便攀城而登。陳規提出的破敵之策是：先用射程在兩百五十步以上的拋射彈，擊殺敵軍人馬，擊碎其攻城器械，尤其是擊殺其指揮官，使其失具指揮，混亂而不能接近城牆；用射程兩百五十步以下的拋射彈，擊碎企圖透過護城河的「洞屋」、「對樓」等攻城器械，擊殺企圖填壕的敵兵；再用單梢擊殺其後續部隊；當敵軍使用石拋擊城上時，守軍暫時隱蔽於城牆後壁，減少傷亡，待敵拋射完畢後，守軍再發還擊。

其三，要善於選擇置陣地和派出定放人員確定擊目標。陳規認為，守城不能安在目標明顯暴露的城牆上，而要安在城內適當距離的隱蔽之處，以避免被敵擊毀。為了能使擊命中目標，必須派出一名定放人員指示擊的方向。如果最初幾未能命中，則採用調整定放人員或架設置的位置，直至準確命中為止。

其四，平時要對手與定放手進行拋射訓練，以便在戰時熟練地拋擊敵人。

陳規對拋石機製造和使用的論述，對後世產生了重要的影響。宋元時期對此問題的論述，迄今為止，還沒有發現能超出《守城錄》的範圍的。

《守城錄》是一部城防專著，對後世影響較大，其內容多被明清時期研究城防者所引用，而且在其影響下，城防專著也日漸增多，諸如明呂坤的《守城救命書》、宋祖舜的《守城要覽》、安國賢的《守城事宜》、祁彪佳的《守城全書》、錢楠的《城守策略》、清朱璐的《防守集成》、游閎的《防禦纂要》、丁廷楨的《城守輯要》等相繼問世。紀昀在編纂《四庫全書》時，將其收入「子部兵家類」中。乾隆皇帝曾為此書題詩一首：「攝篆德安固守城，因而失事論東京，陳規屢御應之暇，湯璹深知紀以精，小縣傍州或可賴，通都大邑轉難行，四夷守在垂明訓，逮迫臨沖禍早成（《守城錄》卷首）。」

《守城錄》對後世最大的影響，在於它記載了「以火藥造下長竹竿火槍二十餘條」的歷史事實，從而向世人證明中國是發明管形火器的故鄉，管形火器的鼻祖是陳規。宋元時期，又由長竹竿火槍派生出管形射擊火器如突火槍與管形噴射火器如飛天噴筒兩大類。自元代起，又分別發展為各種金屬管形射擊火器火銃與各種噴筒。到十六世紀以後又發展為各種槍炮與各種火焰噴射器。

三、唐宋兵書

四、明清兵書

《陣紀》

明代兵書。何良臣撰。何良臣字際明，號唯聖，浙江餘姚人。生卒年不詳，據本書序跋和書中內容推測，約生活於明嘉靖至萬曆間。他善長詩賦，熱愛軍事，「自結髮從戎海上」，累積了豐富的戰爭實踐經驗和軍事理論知識。他曾說：「吾求人以武夫目我，而不得也。」可見他對軍人這個職業是很讚賞的。但由於明廷軍政腐敗，這位有膽有識的將才卻長期沒有得到重用。在「知陣無所事陣」的苦悶中，「輒寄之歌詠，以暢發其所欲吐所受禁而能為不得為之情」。所以他的詩詞具有濃郁的軍人風格，張應登說：「誦其詩，紀律嚴明，有正正堂堂之勢，登壇對壘，旗鼓相當者不數也。」由於他有軍事才能，自「握管從戎，輒投輒效」，逐漸受到重用，被召為幕僚，參與訓兵，運籌諸邊要務。後因立戰功，升為偏裨將，最高官至薊鎮游擊將軍。其著作除《陣紀》外，還有《軍權》、《利器圖考》、《制勝便宜》。

《陣紀》是何良臣潛心研究兵法和自身實踐經驗的總結。其具體成書年代不詳，但據書中引有戚繼光的鴛鴦陣和對戚繼光浙閩用兵方略的評論來推測，其成書的上限應在《紀效新書》的成書時間明嘉靖三十九年（一五六〇）之後，其下限應在明萬曆十七年

（一五八九）以前，因為書後有黃道月明萬曆己丑（明萬曆十七年，一五八九年）仲春序和張應登明萬曆十七年（一五八九）五月跋。

《陣紀》共四卷、六十六篇，其篇目如下：

❖ **卷一**：《募選》二篇；《束伍》四篇；《教練》三篇；《致用》二篇；《賞罰》四篇；《節制》三篇。

❖ **卷二**：《奇正虛實》四篇；《眾寡》三篇；《率然》二篇；《技用》十五篇。

❖ **卷三**：《陣宜》三篇；《戰令》五篇；《戰機》三篇。

❖ **卷四**：《摧陷》一篇；《因勢》二篇；《車戰》一篇；《騎戰》一篇；《步戰》一篇；《水戰》三篇；《火戰》一篇；《夜戰》一篇；《山林澤谷之戰》一篇；《風雨雪霧之戰》一篇。

《陣紀》是講選練和作戰的兵書，內容較為充實，有將士的選拔管理和教練，也有戰場指揮和奇正虛實的運用；有兵器的形制性能和配置，也有陣法的種類和變換；有旗鼓烽燧指揮、通訊、報警系統，又有賞罰條格和戰場紀律規定；既講一般情況下的作戰問題，又講特殊天候、地形條件下的策略戰術；既言練藝，又言練膽；既有對古代兵法的繼承和闡發，如他指出：「孫子謂：『善出奇者，無窮如天地，不竭如江河。』要知善用正者，亦如天地之無窮，江河之不竭耳。又曰：『善用奇者無不奇，善用正者無不正。』正此謂也。……有等庸將派定伍隊，正者只做正兵，奇者只做奇兵，皆非也。」又有對前世兵家觀點的匡正，如他批評大軍事家李靖的「善用兵者，教正不教奇」，「似亦誤矣。奇而不教，則號無以別，變何以施？孫子謂，奇正相生，循環無端。安有不教而能相生無端者耶？」既有對明廷腐敗軍政的揭露和抨擊，又有變革圖強的見解，如他批評明廷，「今也，將吏僨於監司中制之煩，士卒疲於科克工役之苦，偏裨困於謀求奔走之勞。」「將乏良能，兵無練銳。」又進言「臣於是而知斯時也，非商鞅之變法，不可以言守國，非尉子之連刑，不可以言治旅。」既有對前世軍事制度的追述，又有對明代軍事制度的記錄，如他在講到軍隊編制時，除追述周制外，詳細記載了明代軍隊各級的編制人數：「五人為伍，五伍為隊，五隊一百二十五人為哨，五哨六百二十五人為總，五總三千一百二十五人為營，五營一萬五千六百二十五人為鎮。大約用一萬八千人成一鎮也，以二千三百七十五人為奇零之用，餘皆仿此。」總之，它既有軍事理論價值，又有重要的史料價值。

《陣紀》的軍事思想主要反映在治軍、作戰指導和軍事哲理三個方面。

在治軍方面，重視軍隊的選練，「眾非精選，無以得用」。在具體選募中，主張「募貴多，選貴少」。他認為，「多則可致賢愚，少則乃有精銳」。以人的精神品質為首要選募條件，「首取精神膽氣，次取膂力便捷」。反對選「城市游滑之人」，主張用「鄉野老實之人」。強調因人而選，因長授職，如年高衰憊，「而有武技兼人，手足利捷，曾經戰鬥，慣識夷情者，又當別選為司教、司戰。乖覺曉事，誠慎細密，備諳山川、進退險易者，宜充哨探巡察。膽力倍人，精神出眾，而智識過一隊者，立為伍隊之長」等。他還參照《六韜》用人思想，根據每個士卒的不同特長組織各類型的專門部隊，如異術隊、敢死隊等。主張明恥教戰，「教之以禮，勵之以義」，要求全軍懂得所謂榮辱廉恥，以戰死為光榮，以退逃求生為可恥；將士之間要情同父子，義若兄弟，親密無間，生死與共。當然這在封建階級的軍隊裡只能是一種願望和空想，不可能真正實現。重視賞罰在治軍中的作用，認為誅貴大，賞貴小，「能行誅於貴裡，下賞於微賤，則威自伸，而明不翳。故殺及權幸，賞及牛童者，謂不論貴賤，不預恩仇，示至公也」。強調賞真罰實，防止私下搗鬼，要求將帥親自調查，以「耳目見聞」為實。

在策略戰術方面，策略上主張「以威德服人，智謀屈敵」，認為「能以威德服人，智謀屈敵，不假殺戮，廣致投降，兼得敵之良將者，為不世功。兵不赤刃，軍不稱勞，而得敵之土地數千里，人民數十萬者，為不世功」。而「奮力抵敵，或因救護而致重傷，或帶重傷而復得敵級，並獲敵中利用器具之類者，為下功」。這無疑是繼承了孫子的「不戰而屈人之兵」的思想。對奇正的闡述詳備而且有新見解。他歷數諸家對奇正的認識以後，提出自己的看法。他認為奇兵變化無常，正兵也可變化無常；奇兵和正兵相互依存，又可相互變化，奇兵可作正兵用，正兵亦可作奇兵用，要視戰場情況而定；他用形象的比喻說明了正、奇、伏三者的辯證關係，「正兵如人之身，奇兵如人之手，伏兵如人之足。有身而後有手足也，三者不可缺其一。三者能俱用，而旗鼓祕之，是為神化。故三分其一為奇伏，然伏出於奇者也，奇又出於正者也。善用伏者，自無處不伏耳。豈獨以叢林草木陵阜間可伏耶」。「眾寡」是兵家必談的問題。《陣紀》對「眾寡」問題的論述重「眾寡」的運用，認為「識眾寡之用者勝」。「用眾，宜整、宜治、宜分」，「用寡，宜固、宜輕、宜銳。」他還認為眾寡也是可以變化的，「莫以土地廣大，兵馬繁盛，就為眾也。但分守處多，便無處不寡矣」。對騎戰、步戰、車戰、水戰、火戰等戰術都根據明代的實戰經驗提出了自己的見解。如對早已退出歷史舞台的車戰，他根據明代戰爭的特點，提出「非車無以致遠，非車無以行制」，「不可以車為無益於軍用也」，「欲擋胡馬之沖，非車壁不可；欲挫胡馬之銳，非車擊不可；欲逐套衛之虜，非車攻不可；欲彌隙塞罅，而卻胡馬之不入，非車守不可；欲出塞開邊，以建不世之業，非車行不可」。他總結明代海戰的經驗，提出：「洋海之戰，所慮風濤不時，又慮迷失嚮往，當以鬥建為正，加四時定之，知所進退矣。」

在軍事哲理方面，他繼承了古代兵家優秀傳統。他認為敵情是在不斷變化的，用兵的要訣在於因敵轉化，陣法「皆參古法今而作，其用變取勝，各有神異，在學者變通之耳。能將握步根本，練之精，出之熟，變之神，自可驅步卒橫行而無敵也。」他注意到事物的兩個方面，在一定程度上避免了片面性，如他在講訓練時，既強調練技，又強調練膽；在講賞罰時，指出「賞罰不可以重，亦不可以輕，賞輕則人心不勸，罰輕則人心忘懼；賞重則人心僥倖，罰重則人心無聊」。在講兵器時，強調兵器短長要適度，「太長則難犯，太短則不及，太輕則銳，銳則易亂，太重則易鈍，鈍則不濟」。樸素地認識到事物的相互轉化，指出「必死則生，幸生則死」，這句話不僅道出了「生」與「死」的辯證關係，而且似乎包含著精神力量能夠轉化為物質力量的思想。在他看來，將士如果抱著必死的決心去英勇作戰，便能進發出強大的力量，戰勝敵人，取得勝利，獲得生的希望；如果個個都有僥倖偷生的念頭，那麼就必然士氣低落，喪失戰鬥力，而被敵打敗。所以，他說：「夫一人必死，足敵十夫；十夫必死，足敵百夫；百夫必死，足敵千夫；千夫必死，足敵萬夫；萬夫必死，天下莫當。」

《陣紀》是明代一部比較優秀的兵書。對中國軍事理論既有繼承又有發展，講理論不流於空泛，講制度不失之於繁雜，「鑿鑿足當實用，非徒拾前人咳唾，董董盜浮聲也者」。它「切切以選練為先」，比較實用。明代著述兵書稱多，然多為掇拾彙集之作，這更顯得《陣紀》之可貴。正像紀昀評論的那樣：「明代談兵之家，自戚繼光諸書外，往往捃摭陳言，橫生鄙論，如湯光烈之掘阱藏錐，彭翔之木人火馬，殆如戲劇，唯良臣當嘉靖中海濱弗靖之時，身在軍中，目睹形勢，非憑虛理斷，攘袂坐談者可比，在明代兵家，猶為切實近理者矣。」

《陣紀》現存有明萬曆十九年，（一五九一）刊本、清嘉慶二十二年（一八一七）《墨海金壺》本、清道光《珠叢別錄》本、道光二十六年（一八四六）《惜陰軒》本、道光二十八年（一八四八）《瓶花書屋》本、清同治《半畝園》本、清咸豐《長恩書室》本、清抄本、民初年間《叢書集成初編》本等版本。

《兵法百戰經》

《兵法百戰經》，簡稱《百戰經》，由《兵法百戰經全卷》和《兵法百戰經下卷》兩部分組成。「全卷」以「王鳴鶴曰」開篇，其中有些思想與《登壇必究》相同；「下卷」卷首則稱：「是輯酌古宜今，彙集諸家之精粹，誠兵法之大成，以為衛民之一助也。」而且沒有「王鳴鶴曰」字樣。卷首均著錄「淮陰王鳴鶴編訂，古吳何仲叔參輯」。由此推知，「全卷」應為王鳴鶴所著，「下卷」係由何仲叔所輯。

《兵法百戰經全卷》有如下細目：地利總說、圮地、通形、掛形、支形、隘形、選能、兩翼遊兵、火攻藥法、騎射、安營機要。「全卷」的內容主要包括以下幾個方面：

❖ 論述地形在戰爭中的重要地位和各種地形的特點及作戰方法。「全卷」第一句話就是：「王鳴鶴曰：我先知勝地，則敵不能以制我；敵先居勝地，則我不能以制敵。若擇地頓兵不能趨利避害，是驅百萬之眾而自投死所，非天之災，將之過也。」接著列舉了《孫子》中提出的圮地、死地、通形、掛形、支形等各類地形概念，以吳子問，孫武答的形式，闡述了敵我雙方陷入上述地形條件時的作戰方法。如在「死地」作戰，若我陷死地，要深溝高壘，示我有備，安靜勿動，以隱蔽我軍實力；然後殺牛燔車，犒賞士卒，填井毀灶，打消僥倖偷生的心理。這樣全軍死戰，必銳不可擋，轉敗為勝。若敵居死地，則要網開一面，虛留生路，動搖其鬥志，並在生路兩側埋伏精兵，在要道隘口布署精騎，乘敵逃跑進行截擊，必獲全勝。

❖ 記述了選賢任能的原則和考選弓弩、鳥銃手的方法及標準。強調統軍作戰，務必選拔搜攬各方面的人才。主張要像春秋戰國時那樣，「雖雞鳴狗盜之士，無不延見庭養，以為己用」。對於有特殊才能的以很高的禮遇對待。要求將帥不僅要有才，更要有德，「世之為將者，貴有將才，尤貴有將德。」對於鳥銃手的考選記述很細緻，從鉛子、火藥、火繩、鉛子袋到瞄準、射擊都有具體規定。

❖ 記述了明代的遊兵戰法和軍中賞罰制度及指揮旗號。所謂遊兵，就是在軍隊左右兩翼的前鋒，各設一個頭隊，即偵察分隊，由驍將統領，負責偵察敵情，搜尋伏兵，應付突然事變。頭隊中實行逐級論功行賞，一隊之中如果賞多罰少，隊長領紅頂簽、賞少罰多，隊長則領黑頂簽。主將則根據紅、黑簽賞罰隊長。

❖ 記述了明代火器種類及炮火藥、水火藥等火藥配方。該書記載，當時「火器二百六十餘種，皆有稗於實用」，按其用途分，有戰器，有埋器，有攻器，有守器，有陸器，有水器。提出用器在於「合宜」，製器在於便利使用，如戰器利於輕捷，攻器利於機巧，埋器利於爆擊易碎。

❖ 記述了騎馬射箭的要領和訓練、檢驗足力的工具及方法。有歌訣，如馬箭歌訣等。有圖式，如馬箭式、步箭式等。

❖ 闡述了營壘的重要性。王鳴鶴認為，「張軍宿野必有營壘。營者，三軍之家也。止而無營，猶人之居無屋宇、牆塹，一旦盜賊竊發，何以押御耶」。他還提出，要鞏固營壘安全，形勢、米粟、賞罰等固然是不可缺少的，但「上下相親，人和為要」，「無事憂為有事之防」。

❖ 總結了明軍劉家河慘敗的教訓，提出加強「正兵」建設的建議。他認為劉家河之敗的原因是「既不能用奇，而又自棄其正」。建議先定什伍之法，「五人為伍，以上遞相連屬，以至於將皆如身臂相使，首尾相應，雖極倉促，只須百人。其差次，先以強力疾足負重能走者三千人，次能射遠趨二百里者三千人，次能命中者四千人，次能射遠者四千人，次壯健輕勇能格鬥者一萬人，總二萬四千人，將校並在內，為馬、步、戰兵之數」。

《兵法百戰經下卷》的細目有：軍誓、定惑、符契、鄉導、金鏡捷法淘金歌、年局起例、月局起例、日局起例、時局起例、太乙起例、測水平器、水軍營法、兵夫列船。「下卷」內容較雜，多為用曆法推算吉凶禍福，是封建糟粕。其中講到古代的戰鬥動員、穩定軍心的教育、水軍戰陣營法等尚有些參考價值。它公開聲稱，軍中進行祭祀等迷信活動是「以權佐政」，鞏固軍心，鼓舞士氣。它記述了當時的戰船戰鬥隊形，並認為戰鬥隊形應隨水域的不同情況而變化，「港有灣曲闊狹，當風隱風之不同，隨港形深淺難拘一定之勢」。

《兵法百戰經》是產生在明代末期的一部兵書。它篇幅較小，約八千餘字，但涉及到軍事的許多方面，而且圖文並茂，附圖二十幅，比較適宜當時粗通文墨的軍人學習。它還能結合明代的軍事特點對古代軍事思想進行闡發，尚有一些參考價值。不過本書編排較亂，各部分之間缺乏內在連繫；有的本應標目的內容沒有標出來，雜在其他類中，名不符實。該書刊本著錄為「板藏南陽石室」。

《三十六計》

《三十六計》是一部佚名兵書。該書原是抄本，於一九四一年最先在邠州（今陝西鄰縣）一個書攤上發現。抄本前部「都係養生之談，而末尾數十篇附抄《三十六計》」（一九四一年土紙翻印本前言）。同年由成都興華印刷所用土紙翻印。然而此本流傳不廣，已往公私藏書目錄均未見著錄。一九六一年九月十六日中國《光明日報》第四版發表了叔和的《關於「三十六計，走為上策」》，文中說：「十幾年前，我在成都一個冷攤上無意中發現一本土紙印的小冊子，……這本小冊子是根據一個手抄本翻印的，封面書《三十六計》，旁註小字『祕本兵法』。」

「三十六計」之稱來源於「三十六策」，最早見於《南齊書．王敬則傳》：「東昏侯在東宮，議欲叛，使人上屋望，見征虜亭失火，謂敬則至，急裝欲走。有告敬則者，敬則曰：『檀公三十六策，走是上計。汝父子唯應急走耳。』」之後，《南史》、《資治通鑒》均有此記載。「三十六計」之名雖然出現很早，但是《三十六計》作為一部兵書卻不會成書太早。由於缺乏可靠證據，具體成書年代不可詳考。然從早期史籍均不見著錄和其系統以《易》演兵的內容方面推測，估計約成書於明、清之際。

《三十六計》不分卷。全書共分六套三十六計，前冠一段總說文字，後附一段殘缺的跋語。具體篇目如下：

❖ **總說**

❖ **第一套 勝戰計**

第一計 瞞天過海　第二計 圍魏救趙　第三計 借刀殺人
第四計 以逸代勞　第五計 趁火打劫　第六計 聲東擊西

❖ **第二套 敵戰計**

第七計 無中生有　第八計 暗渡陳倉　第九計 隔岸觀火
第十計 笑裡藏刀　第十一計 李代桃僵　第十二計 順手牽羊

❖ **第三套 攻戰計**

第十三計 打草驚蛇　第十四計 借屍還魂　第十五計 調虎離山
第十六計 欲擒故縱　第十七計 拋磚引玉　第十八計 擒賊擒王

❖ **第四套 混戰計**

第十九計 釜底抽薪　第二十計 混水摸魚　第二十一計 金蟬脫殼
第二十二計 關門捉賊　第二十三計 遠交近攻　第二十四計 假途伐虢

❖ 第五套 並戰計

第二十五計 偷梁換柱　第二十六計 指桑罵槐　第二十七計 假痴不癲
第二十八計 上屋抽梯　第二十九計 樹上開花　第三十計 反客為主

❖ 第六套 敗戰計

第三十一計 美人計　第三十二計 空城計　第三十三計 反間計
第三十四計 苦肉計　第三十五計 連環計　第三十六計 走為上

❖ 跋（殘缺）

六套計中，勝戰計、敵戰計、攻戰計，是處於優勢情況下使用的計謀；混戰計、並戰計、敗戰計、是處於劣勢情況下使用的計謀。每計的名稱多取之於廣為流傳的成語典故，形象易記。每計的順序是先出計名，次作解語，再加按語。解語前半部分多引自兵法，後半部分多引自《易經》，理性較強，比較難懂。書中自稱，「解語重數不重理」，認為，「理」只能說明設謀定計的一般規律，而「數」才能解決具體實際問題。按語又是對解語的闡釋，一般先理論上闡述，後舉實例相參證，較易理解。如第十六計「欲擒故縱」的按語，先解釋「所謂『縱』者，非放之也，隨之，而稍鬆之耳。『窮寇勿追』，亦即此意。蓋不追者，非不隨也，不迫之而已」。然後引武侯擒孟獲事參證，「武侯之七縱七擒，即縱而躡之，故展轉推進，至於不毛之地。武侯之七縱，其意在拓地，在借孟獲以服諸蠻，非兵法也。若論戰，則擒者不可復縱」。

《三十六計》可以說是集古代兵家「詭道」之大成，專講軍事謀略的兵書。由於它以《易經》的陰陽變理，推演兵法的奇正、剛柔、攻守、進退、主客、虛實等的相互轉化，所以，全書含有豐富的樸素軍事辯證法思想。如它在「總說」中就指出：「六六三十六，數中有術，術中有數。陰陽變理，機在其中。機不可設，設則不中。」從「數」與「術」、「陰」與「陽」的辯證關係，推演出了計謀的運用要根據客觀情況的發展變化，不可生搬硬套和預先憑空安排。這就為全書提供了一個思考問題的辯證方法。它在每一計的解語中都能注意到矛盾對立雙方的相互轉化，變不利因素為有利因素，轉敗為勝；還注意到了局部與全局的辯證關係，認為「勢必有損，損陰以益陽」。意思是當戰爭的形勢發展到必然會有所損失的時候，要用局部的損失來換取全局的勝利。全書還貫穿一條策略戰術原則，即形勢不利不要冒進，敵人強大時不要硬攻。形勢對敵有利時，要「待天以困之，用人以誘之」；敵人「將多兵眾，不可以敵」。書中還談到了戰爭的一般規律和計謀的關係，認為「戰爭之事，其道多端。強國、練兵、選將、擇敵、戰前、戰後，一切施為，皆兵道也。唯比比者，大都有一定之規，有陣例可循，而其中變化萬端，詼詭奇譎、光怪陸離、不可捉摸者，厥為對戰之策」。意思是關於戰爭之事，內容極其繁多，例如強國、練兵、選將等等，但戰爭有一定規律可循，作戰的經驗也可以取鑒，藉以獲得教訓；然而戰爭中的對戰之策，即陰謀奇計卻變化多端、光怪陸離、不易掌握。所以它指出：「『三十六計』者，對戰之策也，誠大將之要略也。」將帥需潛心研究，因時、因地、因敵制變，恰當運用「攻心奪氣」等戰場的一切詭詐奇變，以實現「勝之轉機」的目的。

這裡有兩點需要指出：一是本書輯錄三十六條計謀彙編成書，只是借用陰陽學說中的太陰六六之數，來安排它的所謂每套六條，一共六套，六六三十六條計謀。並非軍事上的計謀只有三十六個。實際上，正如本書跋語中指出的，戰爭中的計謀變化萬端，光怪陸離，不可勝數。本書只是對古代部分計謀的概括歸納。二是關於「三十六計，走為上策」，是說當處於完全劣勢，面臨敗亡的時候，「走」是上策，而不是說「走」是三十六計中最高明的一策。這從檀公「三十六策，走為上計」以避魏的戰和本書的按語詮釋中都能得到證明。它實際是一種「以退為進」，「以守為攻」的策略。按語中說，當敵勢全勝，我不能勝他時，出路只有三條，一是降，二是和，三是走。投降是徹底失敗；媾和是一半失敗；退卻不是失敗，而是轉敗為勝的關鍵。

《三十六計》總結了以往戰爭中施計用詐的實踐經驗，包含有較為豐富的樸素辯證法思想，至今不無參考價值。但是，也存在著一些明顯的封建糟粕，例如「借刀殺人」、「趁火打劫」、「笑裡藏刀」、「混水摸魚」、「偷梁換柱」、「美人計」、「苦肉計」等計中反映的封建割據戰爭中那些爾虞我詐、掠奪兼併一類落後、反動的思想內容。內容編排上也有許多牽強附會的地方。

《兵機要訣》

明徐光啟撰。是一部新發現的失傳兵書。此書撰於明萬曆年間，曾刊印過；後失傳。康熙二年徐光啟之孫徐爾默撰《文定公集引》，稱徐氏所撰《選練百字括》已刻已毀，《選練條格》未刻而佚。徐光啟十二世孫徐宗澤在抗日戰爭時期曾蒐集到一些新的徐光啟文獻，擬出版徐光啟新集。從上智編譯館第三卷三、四合期（一九四八年三到四月間）所刊擬議出版的徐光啟新集目錄中發現，內有《兵法選練百字訣》、《火攻要略》、《製藥》、《練藝條格》、《束伍條格》和《形名條格》六篇（均為《兵機要訣》的子目），可惜新集未能刊刻，所蒐集的文獻也隨之散佚。六〇年代初王重民先生編輯徐光啟集時因沒有找到上述文獻，僅列其目待訪。

徐光啟（一五六二到一六三三），是明代著名的科學家、軍事家。字子先，上海縣徐家匯（今屬上海市轄區）人。萬曆三十二年（一六〇四）進士。崇禎五年（一六三二）升任禮部尚書兼東閣大學士，並參機要，崇禎六年（一六三三）兼任文淵閣大學士。從萬曆末年到天啟初年，為了對付後金崛起，明廷特命徐光啟「總理練軍事務」，訓練新兵保衛京師。在這期間他結合軍事實踐，深入研究軍事理論，撰有軍事著作多種，並彙編《大明一統九邊險要韜略世法》等軍事叢書，還將其從萬曆末至天啟初年有關軍事的奏疏等輯為《徐氏庖言》（中國國內已佚，原書藏巴黎法國國立圖書館）；據書目著錄，未刊而佚的軍事著作還有《兵事厄言》、《兵事疏》、《軍事或問》等。

《兵機要訣》，在《徐氏宗譜．翰墨考》中誤作《兵機要略》。新發現的抄本題「雲間徐光啟子先父著，虞山單侃景略父評」，單侃眉批十餘條。全書共計六篇，其篇目和主要內容如下：

《總訣第一》，卷端題《兵法選練百字訣》，即徐爾默《文定公集引》所說的《選練百字括》，亦即《徐氏宗譜．翰墨考》所載的《百字訣》。名為「百字」，實為一百〇五字，如果將「臂力」、「營陣」各算一字，也有一百〇三字。共分學兵之要三、養兵之要三、教兵之要三、學藝之要三、選士之要四、勇之凡四、選膽之略三、練膽之略三、選智之略三、選力之法三、選捷之法三、技之凡五、遠技之法三、長短技之法三、相士之法三、身材八字、戰之品三、守之品三、和之品三、練士之法八、陣之法五、列陣之法四、進退之法二、兵陣之形十、兵法要八等二十五組，每組多為三字成訣，亦有二字、四字、五字、八字、十字成訣者。每字都有獨立的含意，有的並進行簡略詮解，如「學兵之要」的「想」解為「沉思曲想」，「講」解為「學問遍知」，「養」解為「治心治氣」。有的未有詮解，但是言簡意賅，如將「兵法之要」概括為「攻、守、形、勢、奇、正、虛、實」八個字。

《條格第二》，卷端題《兵法條格》，其中包括《練藝條格》、《束伍條格》和《形名條格》三篇，是徐光啟結合練兵實踐，對《選練百字訣》的具體化和條格化。《練藝條格》強調了練藝的重要性，規定了士兵需練習的各種技藝及具體要求。指出：「練遠器先銃炮次弓矢」，「練長器先長槍次狼筅」，「練短器一刀二棍三鐮四鈀，俱長九尺以上。」《束伍條格》細分為伍藝、伍號、伍約、伍書，制定了軍隊的組織、管理和紀律規則，規定同伍五人和四伍長互相保結，嚴禁脫逃。《形名條格》規定軍隊的指揮號令、標識，包括服章、旗幟和金鼓。強調「齊眾若一」，「眾人共一耳，共一目，共一心」。

書後附有《火攻要略》和《制火藥法》。《火攻要略》分別介紹了新式火器以及使用這些新式火器的勝敵之道。《制火藥法》介紹了練硝、練硫和制炭的新方法，其關鍵是硝取其清、硫求其淨、炭擇其輕。還介紹了火銃（粗藥）、鳥銃（細藥）和火門藥方等。

《兵機要訣》較集中地反映了徐光啟在練兵方面的軍事思想。他主張養兵要少而精，「少（所以飽）、飽（所以好）、好（所以少）」，這是他設計的養兵良性循環系統，闡明了少、飽、好的辯證關係。主張練兵從單兵練起，「凡練士，先練一人始，一人有五體即伍法也。護首手必應，舉手足必隨，即常山蛇勢也。攻守、形勢、奇正、虛實備在一身，因而五人為伍，五伍為隊，五隊為哨，五哨為部，五部為營，布陣變化出沒總是此理，一人之技精，兵法盡在其中矣」。重視練藝。他針對項羽的「劍一人敵，不足學，學萬人敵（指兵法）」，批評說：「此不知劍法，亦不知兵法也。」明確指出：「練士之法首技藝。」練藝注重實用，反對於實戰無用的花架子，指出：「目今教練諸藝，不及盡學全套，只須除去花法，專練實用。」甚至平時軍營活動也強調從軍事需要出發，禁止刺繡、結網帽、賭博等，而用射箭、打統各色武藝，投石、超距、跖牆、打球之戲用以決賭者不禁。重視練膽，其要領是怒（殺敵者怒）、恥（明恥教戰）、習（藝高膽大）。主張長短兵器都要掌握，認為長短兵器各有所用，「兵法不論短長，用得著時，便為救命立功無上之寶」。尤其是重視先進軍事技術的運用。明代後期，火器有了較大發展，出現了一些較為先進的新式火器，徐光啟不僅親手輯錄新式火器和火藥的資料，而且反覆強調：「方今制敵利器，火器第一」，「非火器莫能禦敵也。」他還重視訓練中的獎懲升降，明確規定：「以勝負為賞罰，積賞罰為升降。」

《兵機要訣》是一部失而復得的明代重要兵書，它不僅具有重要的軍事學術和軍事史料價值，而且它保留的當時制火器火藥新法具有科技史料價值。

《兵機要訣》嘉慶原抄本由莫將軍收藏，上海古籍出版社《徐光啟著譯集》據此本影印。另外，明崇禎九年（一六三六）山西絳州韓霖編的《守圉全書》內輯有《選練條格》，分選士、練藝、束形名及營陣五篇，其中《選士》與《選練百字訣》有很大部分相同，而《練藝》、《束伍》、《形名》與《兵法條格》有關各篇內容基本類似，由此可見，兩書系出同源。《守圉全書》原刊本現藏上海圖書館，為中國國內孤本。

《火龍經》

《火龍經》又名《火龍經全集》、《火攻備要》，是明代關於火藥、火器技術的兵書。舊題漢諸葛武侯著，顯然是偽托。因為那時只有草木火攻，火藥和火器尚未發明。

本書是雜抄《火龍神器陣法》、《登壇必究》、《武備志》、《兵法百戰經》等兵書中的有關內容彙集而成的。卷前序言即是《火龍神器陣法》的《授書序》。本書中的「火攻總說」，稱「東寧伯日」，實際是《登壇必究》中的「輯火器略說」，原文是「王鳴鶴日」。既偽托諸葛亮著，又收錄焦玉的序，其做法甚為笨拙。

繼本書之後，又有人編輯《火龍經二集》、《火龍經三集》，「二集」卷前有毛希秉崇禎五年（一六三二）序，「三集」卷前有諸葛光榮崇禎甲申（一六四四）序，據此推知，《火龍經》約成書於崇禎五年之前，《武備志》刻成之後，即明天啟至崇禎年間。

本書共分三卷，上卷除「火攻總說」和「選用火兵諸法要訣」外，主要輯錄火藥配方，共二十六種，即神火藥、毒火藥、烈火藥、飛火藥、法火藥、煙火藥、逆風火藥、飛空火藥、日起火藥、夜起火藥、噴火藥、爆火藥、炮火藥、水火藥、火彈藥、五里霧、迢魂霧、煙球毒藥、神火、神煙、結煙、青煙、紅煙、紫煙、白煙、黑煙。中卷和下卷為「火器圖說」，將火器區分為炮類、銃類、箭類、器械類、噴筒類（以上為中卷）、牌類、球類、雜品類、禽獸類、水具類、地伏類，後附「萬弩齊發說」、「輪流發弩式」（以上為下卷）。共輯錄各類火器六十二種，附圖六十二幅。這些藥方和火器在《火龍神器陣法》、《登壇必究》、《武備志》等兵書中大都有記載，但此書所記火藥、火器較之上述諸書為略，如火藥配方大都不記每料的數量。

《火龍經二集》共三卷，捲上收錄了《武備志．軍資乘》中的「用火器法」，共七篇，其中四篇原出自《火龍神器陣法》，即火攻風候、火攻地利、火攻器宜、火攻兵戒。另三篇是教演火攻、制火器具、火器試驗。「火攻風候」還從其他書中輯錄了一些占風雲的內容，有古代預測風雨的經驗之談，也有陰陽詭誕之說。卷中和卷下為火器圖說，其類目有炮類，車炮類、銃類、箭類、器械類、噴筒類（以上為卷中）、牌類、球類、磚彈鴿炬葫蘆類、雜器類、獸類、車類、水具類、地伏類。從《武備志》等書中輯錄了《火龍經》沒有輯錄的四十種火器，附圖四十幅，「補初集之遺者」。（毛希秉序）卷前毛希秉作序時間為明崇禎五年，說明本書成書於崇禎初年。而書名頁題劉伯溫增輯、卷端題明伯溫劉基補著，顯然又是偽托。似由毛希秉彙輯成書。

《火龍經三集》二卷，書名頁題諸葛光榮輯，卷端則題明茅元儀彙集，琅琊諸葛光榮校。從編纂品質上看，比較低劣，不像出自茅元儀那樣的大手筆，況且茅元儀也不會把王鳴鶴的東西改為自己的，所以本書輯者應是諸葛光榮。本書主要從《登壇必究》、《武編》等兵書中輯錄了有關火器的論述及製造方法，捲上有「輯火攻說」、「火攻略論」；下卷有「輯西洋神器說」、「西洋神器諸法」。「輯火攻說」本為王鳴鶴所作，本書改為「茅元儀曰」。「西洋神器諸法」中雜有弓說、披背筋法、漆弓法、裹弓法、傲弓法、焙弓法、焙弓火候、箭說、造伏弩法等有關冷兵器的內容。

《火龍經》及其《火龍經二集》、《火龍經三集》雖然是偽托之作，又是輯錄成書，但它們把散見諸書的有關古代火藥、火器的資料彙輯起來，分類編成火器專書，促進了古代軍事技術的傳播；清代廣為刊行，在軍事科技史上產生了一定影響。

《草廬經略》

《草廬經略》，作者不可考，概成書於明萬曆初年。全書共十二卷，一百五十二篇。每篇先進行理論闡述，然後引用古代戰例或歷代兵家言論加以佐證。《草廬經略》內容豐富，對戰爭目的、策略戰術、治軍用將、陣形陣法、武器製造、陰陽占卜、屯田糧餉等均有論述。既是對傳統軍事理論的繼承，又體現出對明代戰爭經驗總結的時代特色。其中提出的一些觀點，至今仍不乏借鑑意義。

《草廬經略》現存的主要版本有：清康熙抄本、乾隆抄本、清《粵雅堂叢書》本、《中報館叢書續集》本、《叢書集成初編》本和民國新建出版社印行本（更名為《中國兵學理論》）等。

《兵》

作者尹商賓，字毫翕，號白毫子，湖北漢川人。生卒年不詳。曾任屯留、祁縣知縣等職，後因與上司不和，罷官歸鄉。喜讀兵書戰策，晚年著書立說，《兵》便是其代表作。關於書名，捕魚工具，古人訓為「網之百囊者」。

《兵》，又名《白毫子兵》，共七卷三十六字目。其卷目為：

卷一：「聲」八則、「煦」七則、「整」六則、「先」七則、「迅」，七則、「贏」七則、「佯」十一則；卷二：「乘」十二則、「靜」十則、「集」六則、「因」十則、「突」九則、「捭」十一則；卷三：「誑」十二則、「肆」七則、「信」八則、「必」七則、「鎮」十二則、「異」十則、「持」七則；卷四：「誅」十八則、「制」十則、「變」十則；卷五：「襲」十則、「合」七則、「待」十則、「獨」九則、「譎」十一則、「紆」八則；卷六：「果」八則、「分」九則、「扼」十則、「寡」十則、「疑」十四則、「托」七則；卷七：「微」十二則。

該書從範疇的角度，將中國古代兵法抽象概括為三十六字，加以精當扼要的闡釋，並配以戰例進行說明，使得全書條理清晰、事理結合，便於讀者閱讀理解，這種寫作方法在古兵書是不多見的。作者在吸取傳統兵法精華的基礎上，又有所發揮，對靈活用兵、因敵制勝、賞罰兼施、誠信治軍、精兵思想等方面都有自己獨特的看法。

該書僅有清光緒三十三年（一九〇七）鉛印本。

《武編》

《武編》是繼北宋《武經總要》之後，在明代後期成書年代較干的一部綜合性兵書，對古代軍事技術記載較多，大多為《武經總要》以後的內容，具有鮮明的時代特色。對軍事技術問題的論述，則側重於對傳統火藥理論，以及諸多火器的形制構造與使用方法的闡發，有相當一部分內容被其後問世的兵書所轉錄，也有一些內容為其他兵書所不載，具有補缺的作用。

《武編》係唐順之所輯。唐順之，字應德，武進（今屬江蘇）人，生於正德二年（一五〇七）。青少年時博覽群書，嘉靖八年（一五二九）進士，會試第一，為翰林院庶吉士，曾以郎中身分督兵浙江，與胡宗憲等共同抗倭，屢破倭寇，以功升右僉都御史，代鳳陽巡撫。他博聞廣識，通天文、樂律、地理、兵法、數學，人稱荊川先生或唐荊川。嘉靖三十九年逝世。有《荊川先生文集》、《廣右戰功錄》等十多種著作傳世。崇禎年間追謚為襄文。

《武編》輯於嘉靖期間，作者在生前並未刊行，只有抄本傳世，為秣陵（今屬江蘇南京）焦澹園收藏。至萬曆四十六年（一六一八），始由武林徐象標曼山館雕版印行，清代有木活字本、抄本傳世。《武編》體例略如《武經總要》，分前、後兩集，各六卷。軍事技術內容散見於各卷之中，以前集卷五最為集中。

《武編》雖然對兵法理論闡發不多，但是《武編》前集卷五、卷六對軍事技術理論的闡發，卻開了明代後期兵書的先聲。《武編》的兵法理論，集中在備邊與防倭作戰方面。軍事技術理論主要集中在火藥配製、火器製造與使用技術方面。

《武編》前集卷五、卷六

前集卷五

本卷主要論述各種火器、冷兵器的製造與使用方法，大致反映了自《武經總要》刊印之後，至嘉靖三十九年唐順之逝世之前，各種火器、冷兵器及戰車、戰船的發展概況。

無敵神牌始見於《武編・牌》，但以《武備志・軍資乘・器械五》的記載最為完整。大型牌面以木為框，用竹編成，下部繪有虎頭圖形，虎口張開，上部豎立三支槍鋒。整個牌面安於一輛大獨輪車前。行軍時，可由六人肩之而行，張開使用時，可以掩蔽二十五人，從牌後發射火銃、火箭。此牌既可作為戰車布列為「車城」，阻擋敵騎之衝突，又可以火器射敵，是一種攻守兼備的火牌。

保生牌是一種盾牌與小銃相結合的火牌。盾牌背面安置十五個小銃，內裝火藥與鉛丸，銃口透過牌面射孔向外，銃後火門各通出一根火信，並將它們聯束一起，用機械式點火裝置相接。作戰時，士兵左手執牌，右手持刀同敵搏殺，看準時機後，即撥動機械裝置，將十五枚彈丸一起射出，擊殺敵人。

千子銃《武備志》稱千子雷炮，炮管用銅製造，長一點八尺，口徑〇點五尺，內裝用毒火藥法製造的眾多生鐵片，用杵壓實。炮身用鐵箍扣於四輪車上，車前端安一塊隔板以隱蔽炮身。遇敵時突然發射，鐵片四散飛擊，敵「頃失其命而不自知所終」。

水底雷以大將軍（即火炮）為之，埋伏於各港口。遇賊船相近，則動其機，銃發於水底，使賊莫測，舟楫破而賊無所逃矣。用大木作箱，油灰黏（應為艙）縫內宿火（即藏有火種）。上用繩絆，下用三鐵錨墜之。此記載表明水底雷是一支密封於大木箱中，借助機械式擊發裝置，點火發射，擊穿敵船，使之沉沒的一種擊穿式水雷。

飛懸神銃是一種用於「固守城池」的火銃，銃身安放於城牆下有洞口之處，使銃口通出城牆外。每隔十個堆口安放一支，銃身有火線連於城上，由守城士兵控制發射裝置。當敵兵前來攻城時，守城士兵扣動發射裝置，將彈丸射出，擊殺敵人，「此為形而示之以無形，伏而疑之以無伏，兵不勞而城可守也。」明軍使用的弓這種構造形式的火銃，其他兵書沒有記載，但從發射過程看，當是一種用機械控制點火發射的先進火銃。

迷眼火沙「以諸般毒藥為之，置於長槍之首，占其上風，賊中火器（毒）氣，則目即盲。」可見這是一種在槍筒口部充填致毒性火藥的噴筒，主要是點火噴射毒性煙氣熏灼敵人，其構造與作用大致同金軍使用的「飛火槍」相似。

弓《武編》卷五在「弓」和「弓制」中，對弓的製造和射箭技術作了詳盡的論述。明軍使用的弓除了沿襲宋以前的弓以外，又有許多新品種：槽梢弓、槽彇弓、大梢弓、小梢弓、開元弓，西番木弓，還有陳州弓、交弓、桑木梢黑漆弓、黑漆弓、桑木梢雀樺硬弓、雀樺弓、黑漆沙魚皮弓等，它們大多是強勁的硬弓。

弩《武編》卷五在「弩」中，對弩的製造和使用技術作了詳盡的論述。由於明代槍炮與火箭等火器的增多，並由於床子弩等重型弩「費人多，可以守，不可以戰」等原因，所以便廢棄重型弩而保留輕型弩，其中有神臂弩、克敵弩、雙飛弩、窩弩、蹶張弩、腰開弩、諸葛弩、苗人竹弩、宣湖射虎竹弩等。其中苗人木弩、苗人竹弩、宣虎射虎弩所發射的弩箭都醮有毒性藥料。

槍《武編》卷五在「槍」中，全面而詳盡地論述了槍的使用方法，並認為「槍桿（以）蒺藜條為上，柘條次之，楓條又次之，余木不可用」。又說：「槍制，木桿，上刃，下樽」，分步兵槍與騎兵槍。明軍所用長柄槍的種類甚多，有長槍、長頭槍、短頭槍、矛式槍、鐵鉤槍、龍刀槍、鉤鐮槍、燕尾槍、鳳頭槍、蛇槍、飛槍等。

刀《武編》卷五在「刀」中，對使明軍使用的弩用長柄刀的刀法論述甚為詳盡。明軍使用的長柄刀大致有鉤鐮刀、偃月刀、象鼻刀、仰月刀、合月刀、三尖兩刃刀、騎兵雁翎刀、斬馬刀、長倭刀、腰刀、手刀等。偃月刀與鉤鐮刀大致相似而稍窄，主要用於操練。象鼻刀的刀尖彎曲如大象之鼻。仰月刀的刀刃如凹向月牙橫置柄端。合月刀的刀刃如凸向月牙橫置柄端。三尖兩刃刀是刀頭有三鋒且兩側開刃的刺砍兼用刀。騎兵雁翎刀供騎兵在馬上砍殺敵軍士兵。斬馬刀刀頭較長，刀刃彎曲較少，主要用於劈斬敵軍的馬腿。長倭刀係仿倭刀所製。腰刀長三尺，重十斤，短柄長刃，刀刃的弧度較大，為明軍佩於腰間的護體兵器。手刀是沿用宋代的短柄護身刀。

「火藥賦」《武編》卷五在「火」中認為：「五材並用，火德最靈……銛鋒利鏃，力尚有窮，而火焰之精，無堅不潰。」此處所說的「火」，是指火藥燃燒後產生的「火」。明軍使用的長柄槍明軍使用的長柄刀明代後期的兵書，從《武編》到焦勖於崇禎十六年（一六四三）成書的《火攻挈要》（又名《則克錄》），都對配製火藥的原材料硝石、硫磺的提煉，火藥的配製技術，硝、硫、炭在火藥組配中的作用，作了全面的論述。它們借用君藥、臣藥、佐藥、使藥，即「主治者，君也，輔治者，臣也，與君藥相反而相助者，佐也，引經及治病之藥至病所者，使也」等中醫術語，來闡述古代火藥配方中所涉及的基本理論。在迄今已經發現的資料中，可知唐順之是創立或闡發這種理論的先驅者，《武編．火》中的「火藥賦」便是最有說服力的佐證。

「火藥賦」稱：「雖則硝、硫之悍烈，亦藉飛灰而匹配。驗火性之無我，寄諸緣而合會。硝則為君而硫則臣，本相須（相互協同）以有為。硝性豎而硫性橫，亦並行而不悖。唯灰為之佐使，實附尾於同類。善能革物，尤長陷陣。性炎上而不下，故畏軟而欺硬，臣輕君重，藥品斯勻。」此賦高度概括了硝、硫、炭在火藥中的地位。硝是氧化劑，在火藥中起主導地位，故為君。硫礦性質活潑，是還原劑，居輔助地，使火藥具有爆炸作用，與硝相輔相成，故稱其為臣。木炭粉是助燃物料，居輔助地位，使硝石在燃燒後迅速釋放大量的氧氣，使火藥產生燃燒作用，故而稱其為佐使。「火藥賦」還指出：如果三種原料提煉不純，選取不佳，互相之間組配不當，就會產生種種弊端，並明確指出：硝材提煉不純，則君主地位不明，火藥不佳；製藥粗劣，雖多亦少，製藥精細，雖少猶多，配比不當，失其調劑，若硝、炭含量過少而硫偏多，即君主和武臣偏弱而文臣勢大，則火藥雖能速爆，但發火不猛，若硝、硫含量過少而炭偏多，即君主和文臣偏弱而武臣勢大，則火藥雖能燃燒，但爆發力弱，若缺少硫和炭，即沒有文武二臣的輔佐，則國將不國，而火藥也就會因為不能燃燒和爆炸而不成其為火藥了。「火藥賦」還指出：硝、硫、炭在火藥中所占的比例不同，所制火器的用途也各異。飛空神沙火飛空神沙火唐順之在「火」中，還論述了以硝、硫、炭三種物為基礎，再加上不同的物料，配製成上百種不同用途的火藥及其配製工藝和技術，並首次提出了返回式火箭「飛空神沙火」的製作和使用方法，後被《武備志》所載，改稱為「飛空沙筒」。箭身用薄竹片製成，連火藥筒共長七尺。供起飛和返回用的兩個火藥筒，顛倒綁附於箭身前端的兩側。起飛用的火藥筒噴口向後，其上面連接另一個長七吋、徑七分的火藥筒，內裝燃燒性火藥與特製的毒沙，筒頂上安有幾根薄型倒須槍，構成戰鬥部。返回用的火藥筒噴口向前。三個火藥筒的藥線依次相連，放在「火箭溜」上發射。使用時，先點燃起飛火箭的藥線，對準敵船發射，使箭身的倒須槍刺紮在篷帆上。接著，作為戰鬥部的火藥筒噴射火焰與毒沙，焚燒敵船的桅帆篷索。當敵人救火時，因毒沙迷目，難以入手。在火焰與毒沙噴完時，返回火藥筒的藥線被點燃，引燃筒內火藥，借助火藥燃氣的反衝力，將飛空神沙火反向推進，使火箭返回。

沙洗銃炮《武編．火》記載：「長久不打的銃炮（即後面所說的槍炮），恐其驟打而炸也，挖地窖丈餘，先用火燒坑，以銃使沙石打洗內外，淨入坑中。（銃炮）內以泥塗覆薪燒煉，俟其冷取出，復用桃艾湯洗，以牛或羊豬血塗內外，仍入坑煉之。」這樣做的目的是使銃炮內外始終保持潤滑待用的狀態。

「手把銃歌」由於明代前期手銃的發展，裝備手銃的士兵越來越多，於是訓練士兵使用手銃的技術便成為常規的軍訓內容之一。為便於士兵記憶，所以編了一首「手把銃歌」：「一裝槍，二捻線，三裝藥，四馬子，五投至子，六打三槌，七插箭，八行槍，九聽號頭別別響，單擺開鑼響，點火捽鈸響，收隊。」這首歌描述了從裝填彈藥，到射畢收隊的全過程，生動地反映了當時的訓練場景。

「戰夷法」《武編．夷》指出：中原四邊的少數民族各有不同習俗，常有襲擾中原之事發生。因此統兵將領在奉命同少數民族作戰時，「必度其俗之強弱，能之長短，常以我之長，擊彼之短，料其所好而誘之，因而所惡而攻之」，作戰時可用「強弩利刃之銃，足以抗之」。

前集卷六

本篇主要論述戰車、戰船的形制構造及作戰布陣之法，列舉了多種戰車、戰船之名。為了抗倭作戰，書中還列出了「太倉往日本針路」、「太武回太倉針路」、「日本往太倉針路」、「太倉往日本針路」。所謂針路，就是當時用羅盤針指示方向的航海水路。此外，還論述了軍需、礦產、解救藥毒等問題。

車唐順之認為，「凡戰，卒不如騎，畏其凌殘也，騎不如車，畏其衝突也。」在以冷兵器作戰的時代，步兵不如騎兵，騎兵可以騎戰馬馳騁，踐踏敵營，騎兵不如戰車兵，戰車兵可推車衝突敵軍戰車，敵莫能當。他列舉歷史上以戰車取勝的戰例，認為車戰耗費少而戰果大。他以南宋魏勝創造的如意戰車為例作了說明：南宋興隆元年（一一六三），魏勝創製成數百輛如意戰車，數十輛炮車和弩車。弩車上安獸面木牌，備大槍數十支，前面與兩側垂掛氈幕軟牌以御矢石。每車用兩人推轂，可蔽五十餘人。行軍時，可運載輜重器甲。駐營時，可環而為營，相互扣聯掛搭如同有足之城，敵軍騎兵不能近，箭鏃不能傷。列陣時，如意車在外，以旗幟作為屏障。弩車當陣門，其上安床子弩，矢大如鑿，一矢能射數人，發矢可遠及數百步。炮車在陣中，施放火石炮，可遠拋至兩百步。與敵軍對陣時，便在陣間發弓弩箭炮。近陣門時，刀、斧、槍手便出而突擊。交戰時，便出騎兵從兩側掩擊。萬全車獲勝時，即拔陣起營，實施追擊。敵騎敗退後，官兵即可入陣稍事休息和修整。可見這是一種進可攻、退可守的戰車。魏勝所採用的車步騎協同作戰的戰術和技術，也是中國古代軍事技術史上的首創。魏勝所創戰車的樣式上奏朝廷後，朝廷下令諸軍按其式樣，廣為製造，頒發使用。

唐順之又例舉了明代陝西總制秦紘於弘治十五年（一五〇二）五月創製的獨輪全勝

車。該車車高五點四尺，廂闊二點四尺，前後通長一點四丈，車上有兩名士兵放火銃，車下有四名士兵，既推車又放火銃，重約兩百四十斤。若遇險阻，可用四人肩行。上下前後以布為甲，以遮擋矢石。同敵作戰時，先以五到十車衝擊敵陣。車前有敵，則以首車向前射擊，後有追敵，則以尾車向後射擊，沖入敵陣，則各車從兩廂向左右射擊，其餘各車，或犄角夾攻，或截敵退路。

嘉靖年間，唐順之又組織人員將原萬全車改制一窩蜂成新型的萬全車。「其制，輪高三尺一寸，輪轅長四尺七寸二分，下施四足，前二足釘以圓鐵軸，行則懸之左右箱，各廣九寸五分，於上安熟鐵佛郎機八及流星炮或一窩蜂一，上馬架用安銅鐵神槍一及近年所造三眼品字鐵銃一，飛火槍筒一，四角插倒馬長槍、開山巨斧各二，斬馬刀、鐵鉤各一，並火藥鉛子，掀钁、鹿角等器，通不過重一百五十餘斤。箱前樹獸面牌，繪以狻猊之像，及旁各掛虎頭挨牌，戰則張之以蔽矢，兩車相連可蔽三四十人，每車二人推之挽之，二人翼之。」此外，唐順之還提到了當時創製的屏風車，百足火龍車、獨戰千里車等多種戰車。開山斧唐順之不但改制了萬全車，而且提出了戰車與兵器合為一體的守邊理論。他指出，作戰時可用車「隨地形環布為陣，軍馬居中，敵遠則施火器，稍近則施強弩弓矢，逼近則用槍斧鉤刀短兵出戰。敵敗則馬軍出追，遇夜則用火箭。敵騎圍繞，則火器弓弩四面各發，勢如火城，敵不敢逼進。退所向無前，敵不敢遮……馬步兼用，長技並使，戰守皆宜，誠可萬全取勝。止則環列為營，旁施鹿角，聯以鐵繩……雖不能追奔逐北，星馳霆擊，然擺列邊牆，以遏敵入，據扼險要，以邀敵歸，占據水頭，以據敵馬，誠可化弱為強，以寡敵眾，修邊耕穫，具有用以防衛。」唐順之時，北方邊患頻繁，遊牧民族的騎兵常乘隙馳突而入，襲擾長城以南的農耕民族，威脅他們生命財產的安全，故他建言此策，以保邊境安全。此策雖尚屬粗淺，但卻是以車器結合、車步騎結合守邊理論的創言者。

舟唐順之在《武編．舟》中蒐集了多種戰船的資料。

❖ **鴛鴦槳船**：是將兩艘戰船用活扣併聯的雙體戰船。船體各長三點五丈、闊九尺，船上無桅，兩側各安槳八支。船面上建有活動艙棚，棚外用生牛皮蒙裹，兩旁開有箭眼、槍孔，內藏士兵，既能搖槳，又能作戰。臨敵時，撤去艙棚，迅速將兩船分開至敵船兩側，以槍炮火箭射敵，夾攻敵船。

❖ **子母舟**：是一種大船內包藏小船的戰船。母船三眼銃屏風車長三點五丈，前部兩丈如一般戰船，後部一點五丈無艙無底，只在兩側安有船板，中藏一小船。船頭安有狼牙釘，船面豎一桅，兩側各安兩支槳，既可借風揚帆，又能划槳航行。前部船艙內備有茅草、薪柴、油、麻與火藥等縱火之物。作戰時，將母船釘附於敵船上，而後點著火藥，燃燒縱火之物，將母船與敵船一起燒燬。與此同時，母船上的士兵立即換乘小船返回本營。

❖ **車輪舸**：明後期的車輪舸都裝備了不少火器。船體長四點二丈、闊一點三丈，外設虛框各一尺，內安四輪，輪頭入水約一尺，由士兵踩動，擊水而進，航速較快。船體前部平頭，長八尺，中艙長二點七丈，後尾長七尺，尾部上翹，上建舵樓。中部艙面建有木室，前後貫通，中有大樑，上覆活動木板，自兩邊伏下。每塊木板長五尺、闊二尺，下部安有轉軸，如同吊窗一般。作戰時，先從木室內向敵船施放火藥箭，同時用毒龍噴火神筒噴火，鴛鴦槳船子母舟車輪舸待敵戰鬥力削弱後，艙內士兵一起掀開木室上的覆板，立於船面上，以旁牌作掩護，向敵船拋擲火球、標槍，並以鉤拒等兵器鉤攻敵船，最後殲滅敵軍。

❖ **破船舸**：「用大木五根，各長三丈餘，將木居中鑿空，仍補平，厚以麻黏艙之，前後橫栓，串錠一處，加筏勢，兩邊六輪。上作船艙，輪軸在內向前，平頭長一丈，艙長一點五丈，尾長七尺，安舵樓。前平頭上安破舟銃，其銃如神槍樣，槍頭如蕎麥樣，用純鋼極快利，頭長三吋，後桿長四吋如槍，安置銃內。凡一舟前用三具，約木頭與水頗相平，約與船相近，艙內點放火線，其槍經打入船內，連發三銃，其船必沉。」

《武編》的價值

提出了安定邊境的戰法

唐順之認為：聚居於邊陲的各少數遊牧民族，在衣食、文化、器械、地理條件方面都不相同，但他們常襲擾中原農耕民族。為了安定邊境，用兵必不可免，因此統兵將領必須了解他們的風俗習性，技能的長短，這樣才能以長擊短，取得勝利。北方與西方的遊牧民族善於弓馬騎射，慣於使用弓矢、刀鋋，見利便進，不利則退，不在乎進退榮辱，常藏匿於險峻之地。因此，必須以利誘之競進，而後以伏兵擊之。如果在曠野平原上作戰，就要用強弩在遠處射擊他們，用奇兵戰勝他們。南方各遊牧民族善用標槍、旁牌、飛刀、環刀、木弩作戰，也應出奇制勝。唐順之由此得出結論：在同北方遊牧民族作戰時，當先制其馬；在東方同少數民族作戰時，當先制其船，在南方同少數民族作戰時，當先制其標牌。

提出了「破倭三計」的戰法

唐順之認為，襲擾我沿海的倭寇多是小股作戰，他們慣用的伎倆有三：其一，常用「伏兵之計」，當官兵進剿時，他便十人一群，四五十人一股，藏匿在土堆、草叢、溝旁、寺廟等處，待官兵接近時便伏兵四起，使官兵眩惑紛錯，一時無措。因此，同倭寇作戰時，必先以嚮導探明情況，嚴防中其伏兵之計，當倭寇來襲時，可以佯敗誘之入伏，而後擊之，當其潰逃時，可追則追，可止則止，不能輕率深入。其二，常用「誘兵之計」，即用錫塊充作銀錠，連同其他財物紮成包裹，拋擲於戰場上，誘使官兵前去搶奪，他們便乘機攻擊官兵。因此，要嚴令官兵不為所動，一股作氣，將他們消滅。其三，常用「詭兵之計」，即先以奸細探知我兵服色，而後大量仿製，穿在身上，混入我兵陣中，再突然脫去偽裝，露出本色衣服，襲擊官兵。因此，在同倭寇作戰時，官兵必須在臨戰前才換上衣服，使倭寇來不及偽裝，其奸計也就不能得逞了。

唐順之破倭「三計」，雖不是大規模剿滅倭寇的主要戰法，但也是一種以奇兵協同正兵作戰的謀略運用。

提出了多種火藥的配製工藝和理論

《武編》所記新創的火藥有：迷眼大沙、行煙、猛煙、天火球、月落香消球、天墜、千里勝、爛藥、麻藥、一窩蜂噴筒火藥、一把蓮火藥、火箭頭白火藥、淨江龍慢火藥、火龍口火藥、藥信、蜂窩火藥、風火火藥、水火藥、先天風火藥、一柱香等。書中還敘述了不少火藥的配製方法，以及它們的殺傷作用。

闡發了古代火藥的諸多理論問題

主要有：用君臣佐使的關係比喻硝硫炭在火藥中的地位，論述了硝硫炭在火藥中的火攻特性與作用；用文武二臣輔君之理比喻硝硫炭在火藥中的配比關係，利用硝硫炭的不同比率配製成不同用途的火藥，利用原料性能的特點配製成不同用途的火藥。與此同時，書中還用比喻的方法闡發了火藥力學的幾個問題：口敞則火散而力緩，口撮則火拘而力急，如人開口舒氣則無力，撮口出氣則有力。藥箭出管難則行遠，出管易則行近，如射箭後手放箭扣緊則有力，扣松則無力。炮聲細則響而震耳，聲宏則散而不震耳，如樂聲，管聲入耳深，鼓聲入耳淺。

上述關於中國古代火藥理論的闡發，雖然還比較樸素，而且是用比喻的方法說明經驗性的結論，其理論的高度還顯得不足，但它卻反映了明代軍事技術家，在對火藥理論探討中所取得的可貴成果。

敘述了與兵器製造者有關的技術和工藝問題

其一是製造兵器所用鋼材的冶煉技術和工藝要求，其中包括鐵的產地，鐵質的精粗優劣，製造刀、銃等兵器所用優質鋼材的冶煉工藝等。其二是對火藥配製的工藝提出了具體的要求：合藥不厭精，碾藥不厭細，錘打不嫌多，築虛最所忌。藥能精製，以少為多。其三是製造鳥銃的工藝。其中包括：煉坯，煮筒，鑽銃心，銼磨，打製照星火門，鑲照星火門，銼銃、磨鏨、幫鑲，鑽火門，打鑽修通條，製木槍托，旋底螺絲等。

《神器譜》

《神器譜》由明趙士楨所撰，是論述火繩槍製造與使用的專著，其理論精義集中於製器用器方面。

趙士楨是明代後期研究火繩槍製造與使用技術的專家，字常吉，號後湖，樂清（今屬浙江）人。從他在萬曆三十一年（一六〇三）所上《防虜車銃議》的「行年五十」之句中，可知其大約生於嘉靖三十二年（一五五三）前後。祖父趙性魯，官至大理寺副，博學多才，曾參加《明會典》的編纂，工詩詞，精書法。趙士楨從小受其薰陶，亦擅長書法。萬曆六年（一五七八），他「以善書征，授鴻臚寺主簿」，任職十八年後，受召入直文華殿，至萬曆二十四年「晉中書舍人，又十餘年，不進秩以歿」。由此可以推知，他大約在萬曆三十九年（一六一一年）前後去世。趙士楨從小生長在海濱，家鄉常受倭寇的襲擾，備受其苦。故而，他關心國家前途，注意研究軍事及火器技術書籍，從戚繼光和胡宗憲的部下了解倭寇所用火器的情況，從因進貢而留居北京的嚕密國（一作魯迷國）掌管火器的官員雜思麻處，見到了嚕密銃，並於萬曆二十六年（一五九八）向朝廷進獻了自己仿製的嚕密銃。之後，他又歷經艱難困苦，多方籌集錢財，先後製成十多種火繩槍及其他火器、戰車。更為重要的是他以多種文體，撰寫成《神器譜》、《神器雜說》、《神器譜或問》、《防虜車銃議》等研製火器（即神器）的論著。

《神器譜》初刊於萬曆年間，原本至今未見。現存有源於萬曆刊本的清乾隆年間吳省蘭輯《藝海珠塵叢書》本、近人鄭振鐸輯《玄覽堂叢書》本，清初黃虞稷輯《千頃堂書目》收錄的四卷本與明祁承㸁《澹生堂書目》收錄的二冊四卷本，還有其他一些版本。其中萬曆刊本《神器譜》五卷，約六萬餘字，附圖兩百餘幅，集中反映了趙士楨在各種火器，尤其是在各種火繩槍的研製與使用方面所取得的成就。其中有嚕密銃、西洋銃、掣電銃、鷹銃、旋機翼虎銃、三長銃、鏾銃、鍁銃、軒轅銃、九頭鳥銃、連銃等單管火繩槍，以及迅雷銃、震疊銃等多管火繩槍。同時，書中還繪製了嚕密銃、西洋銃和迅雷銃的各種射擊姿勢，便於士兵進行射擊訓練。此外還有火器戰車的研製及其使用方法的圖形。日本存有文化五年（清嘉慶十三年，西元一八〇八年）清水正德據明萬曆刊本校訂翻刻的版本。一九七四年，日本古典研究會還在《和刻本明清資料集》第六集中，刊印了《神器譜》五卷，比較集中而全面地蒐集了趙士楨的主要著作。

《神器譜》的版本較多，內容也有所差異，筆者以《玄覽堂叢書》本為主，選讀其精粹篇目。

《神器譜》的分卷

卷一　恭進神器疏

趙士楨在此卷中，主要論述「神器」與富國強兵的關係，申述製造神器的目的，闡述各種神器的性能、製作過程、試驗情況，並對製造款項的籌措、具體工作的組織和人事安排，提出了切實可行的建議。

趙士楨在萬曆二十六年（一五九八）五月初二日《恭進神器疏》中說：火器「用藥發彈，命中方寸，從遠殺人」，能夠收到「以寡制眾，以弱攻強，為物細而取效廣，用力少而成功多」的效果：近來臣遍訪胡宗憲、戚繼光部下，都說「倭之長技在銃（即倭銃，指日本人所造火繩槍），鋒刃未交，心膽已怯」：為此，臣也「講求神器」，希望能夠憑藉神器的威力，以挫敗敵人的凶焰。並說：「臣從游擊將軍陳寅處獲得西洋銃，以及從錦衣衛指揮朵思麻處獲得嚕密銃的樣品，已經參照佛郎機與火繩槍之長處，仿製成十多門，現敬呈以上兩種神銃四門、掣電銃兩門，以及兼有鳥銃和三眼銃之長的（五管）迅雷銃一門，同時繪製了它們的構造和發射圖，恭進御前，望陛下命工部準臣製造，不但可以防倭，而且可以制虜（指北方遊牧民族）」。

趙士楨指出：此前有些火器「令庸工造之，庸將主之，庸兵習之，造者不盡其制，主者不究其用，習者不知其妙，因循玩偈，不自為心，彼此推委，浪造浪用」，反而說神器不便不利。臣認為，只要製作得法，「用之有方，足以挫凶鋒」，可以說神器是「不餉之兵」，如果裝備軍隊使用，可以節省許多軍費。我國歷來主張以德取勝於天下，不倚重武力，只是有人以武力相侵，嚕密銃及其構件附件我們只得以殺止殺。既然要「以殺止殺」，又怎能不使用神器，以達到全勝的目的呢？臣在數年之前，「即與戚繼光當年的部將林芳聲、呂慨、楊鑿、陳錄、高風、葉子高」等人，「朝夕講究」，近來又以雜思麻、陳寅二人處的火繩槍為依據，進行驗證，所以才敢製造，以成品進呈御覽。疏上兩日，萬曆皇帝於初四日便下旨讓工部審閱後提出意見。

卷二原銃

本卷主要論述趙士楨所創各種火繩槍的形制構造、特點，以及使用方法，並繪製了嚕密銃（又稱魯密銃、魯迷銃）、西洋銃、迅雷銃的射擊姿勢圖。

嚕密銃是從土耳其傳入中國的一種火繩槍，趙士楨在萬曆二十五年（一五九七）見到後，即進行仿製，並於次年向朝廷進獻了成品。嚕密銃重六到九斤，長六到七尺，銃尾有鋼製刀刃，在近戰時可作斬馬刀使用。在形制構造上，嚕密銃與前面所說的鳥銃雖然大致相似，但也有不少特殊之處。嚕密銃的扳機和機軌分別用銅和鋼片製成，其厚如銅錢一般。龍頭式機頭與機軌都安於槍把上，使槍機能夠捏之則落，射畢自行彈起，具有良好的機械回彈性。嚕密銃的附件有裝發射藥的火藥罐，裝發藥的發藥罐，及點火用的四根慢燃火繩。

嚕密銃的銃管用精煉的鋼片捲成，由大小兩管貼切套合。套合前，先搓去粗痕，使內外層貼合無間，爾後將銃管前後口門作「十」字分中，吊準懸線，插在鑽架上，爾後兩人對鑽。所用鋼鑽長一到三尺不等，須備五到六根。鑽時選鑽上口，鑽至筒管的中部後翻轉過來，再從另一頭鑽，直至鑽通為止。鑽通後，將筒尾內一段旋成陰螺旋壁，將製成的方頭陽螺釘旋上，最後則依次制好藥室，安好準星和照門，裝上槍托等配件，經過試射合格後才能交付使用。由於嚕密銃具有銃身較輕而威力又較大的特點，所以被明朝軍工部門大量仿製，裝備明軍使用。據徐光啟在天啟元年（一六二一）二月奏稱，他在領取兩千支嚕密銃後，部隊練習數月，「只是小有炸損，不過數門，其餘具堪用」。

掣電銃是趙士楨兼采歐式火繩槍與小佛郎機之長，經過改進而製成的一種新式火繩槍。它既具有單兵可舉而發射的輕便性，又具有配備子銃進行連續發射的特點。掣電銃全長六尺多，重六斤，前用「溜筒」（即母銃銃管），後部可按子銃，每銃備子銃五個。從側面看，溜筒上部安有準星、照門。子銃長六吋，重十兩，開有火門，能裝火藥二點五錢與二錢重的彈丸一枚。子銃在平時裝於皮袋之中，每袋可裝四個。子銃的中間部分用一銅盤壓住，以防止發射後煙氣從篩縫中泄出，熏灼射手的眼睛。盤上打眼，兼有照門作用。下有二腳，可用銷釘將其銷在銃床上，銃床的形態和用料，都與嚕密銃的銃床大同小異，後尾類同日本鳥銃的銃床。由於掣電銃使用子銃，所以是射速較快的單管火繩槍。

鷹揚銃銃管較長，管壁較厚，安有準星、照門，銃後設有安放子銃的部位，並不使其敞口洩氣。此銃既有小型佛郎機之輕便，又有大鳥銃的高命中率，是兼有二銃之長的新型火繩槍。作戰時，敵人若用火繩槍發射一彈，鷹揚銃則可發射三到四彈，可見其射速之快。若將此銃安置於輕車之上，則多車齊進，連續射出，萬彈並發，其勢之猛烈，不亞於小型大將軍炮，而其縱橫進退，俯仰旋轉，則較大將軍炮輕便，是一種機動性能較好，殺傷力較大的火繩槍。

三長銃是趙士楨取三銃之長而創製的一種單管火繩槍：即取歐洲火繩槍的輕便而增加其威力，取嚕密銃之快捷而加之以巧，取日本鳥銃銃床之便而加之以穩，故取名為三長銃。

以趙士楨為代表的明代後期火器研製者，為了嚕密銃製造圖製電銃及其分解圖提高火繩槍的射速，還在單管火繩槍的基礎上，創製了多管火繩槍，把火繩槍的製造與使用技術，推進到了一個新的發展階段。

迅雷銃是趙士楨創製的一種五管火繩槍，也是明代後期最具代表性的一種多管火繩槍。銃身有五支銃管，共重五公斤，單管長約七十釐米，形似鳥銃管，但其管後部微呈弧形，如鵲之口銜於一個共同的圓盤上，成正五棱形分布，各以釘銷定。管身安有準星、照門，管壁開有火門，通火藥線於外，五根火藥線彼此間用薄銅片隔離，以保證發射時的安全。五管的中央有一根木桿作柄。木柄中空成筒，內裝火球一個。木柄的頭部安有一個鐵製槍頭。柄上安有一個機匣，內裝發火裝置，供五管共用。五管的前部安有一個共用的牌套，牌套用生牛皮做表裡，製成圓墊式，墊內裝填絲棉、頭髮絲和紙等各種襯墊物，中間有一個大圓孔，周邊有五個方孔，木柄和五支銃管從孔中透過，使牌套與銃管的軸線垂直，以便遮擋從敵方射來的銃箭，具有銃盾的作用，可保護射手在發射時不受敵方銃箭的傷害。

迅雷銃在發射前須將五支銃管裝填好彈藥，使之處於待發狀態。用發射牌套將五管套上，再將一根斧柄尖端，安插於地面上作支架，將銃管支於架上。射前準備就緒後，射手左腿前踞，右腿後跪，左手托銃尾後部，銃柄夾於右腋下，迅雷銃發射圖掣電銃發射圖用右手點火發射，射畢一管後，將圓盤旋轉七十二度，使第兩支銃管對準目標，繼續發射。待其餘三管中的彈丸依次射畢後，射手起立，用火點燃木柄中的火球，使其噴焰灼敵。當接近敵兵時，將銃身倒轉，以鐵製槍頭刺敵。可見這是一銃三用的兵器。

震疊銃這是趙士楨根據倭寇作戰特點而設計的一種雙管銃。由於倭寇在作戰中常被明軍的火銃擊倒，便總結經驗，採取防禦措施。當他們再同明軍作戰時，見到明軍舉槍射擊便伏於地上，待明軍射畢後，即突起衝鋒而來，使明軍猝不及防。趙士楨根據倭寇作戰的這一特點，便創製了一種上下雙疊的火繩槍。當倭寇衝突而來時，即扣動扳機，在上面的槍管先射出槍彈，倭寇立即伏地躲避。待第一發槍彈射畢後，倭寇仍按常法突沖而來。此時，恰好下面的槍管又射出一彈，將倭寇擊倒。倭寇被震疊銃射殺者不少。

趙士楨在《神器譜．原銃》中，還按倒銃藥、裝銃藥、實藥裝彈、著門藥、著火繩等射前動作次序，分別繪製了十二幅圖形，圖中對每一個動作都作了詳細的文字說明。

之後，迅雷銃分解圖又將射擊姿勢按蹲放、立放、十數步打賊，五六步打賊（即蹲跪式射擊、站立式射擊、數十步近戰射擊、五六步應急射擊），分別繪製了圖形，並作了文字說明，再現了當年士兵持槍訓練的場景。

趙士楨不但以嚕密銃、西洋銃（即歐洲火繩槍）為樣品，加以改進，而且還在吸收佛郎機配子銃以及明嘉靖年間所制三眼銃特點的基礎上，創製成配子銃和多種單管火繩槍，以及五管火繩槍迅雷銃和雙管火繩槍震疊銃，從而把火繩槍的製造與使用技術，提升到更高的水平。

卷三 鷹揚車

本卷主要論述鷹揚車的形制構造、編制裝備、戰鬥作用等問題。

趙士楨說：鷹揚車是參考黃帝所造指南車、鄭人所造偏箱車的形制構造，加以改進造成的。車身下安「二輪，左右旋轉，機軸圓活，八面可行」。「車長九尺、寬二尺五寸，牌自地起帶裙共高六尺五寸，邊方地平處再加數寸，大多邊塞風大，不宜太高。駕車，車正一名，車副二名，輔車二名，銃炮三十六門，放銃手二名，裝銃手二名，司火一名，共十人。若命中銃用嚕密，放銃二人，裝銃六人，司火二人，共十五人，一營三千人，用車一百二十輛。人多，如數遞加。」這種車營在作戰中具有多種作用：「守則布為營壘，戰則藉以前拒，遇江河憑為舟梁，逢山林分負翼衛，治力治氣，進止自如，晝夜陰晴，險易適用。」

趙士楨在《防虜車銃議》中說：「在北方用兵，弓馬騎射是遊牧民族之長，我之所短。」為今之計，無如用車自衛，用銃殺虜。一經用車用銃，虜人不得恃其勇敢，虜馬不得悉其馳騁，弓矢無所施其勁疾，刀甲無所用其堅利，是虜人長技盡為我所掩。我則因而出中國之長技以制之。為了使車營能充分發揮作用，趙士楨還提出了進一步的要求：若造車者知運用之法，使所造之車輕重得宜，致遠不泥，用車者知造作之法，便能使用裕如。再加上統兵將領善於指揮，士兵技巧熟練，那麼這種車營便可充分發揮其自衛堅守與進攻殺敵的作用。為了能使鷹揚車廣為流傳，趙士楨在《神器譜．車圖》中，繪製了單車在作戰時所排列的各種圖形，生動形象地再現了當年車銃兵擁車作戰的場景。

卷四 神器雜說三十一條

本卷以雜說的文體，論述了火藥的配製、鳥銃的製造、鳥銃的射擊技術，以及使用鳥銃、佛郎機等火器進行作戰的戰法等問題。為了解讀方便起見，現將原文雜說三十一條的次序，按所論述問題的次序，作適當的調整。

火藥的配製

硝硫炭是配製火藥基本原料，對它們的精選和提煉，是保證火藥品質的關鍵。趙士楨指出：「制硝，每硝半鍋」，放入沒有雜質的「甜水（淡水）」中溶解，把其中的泥沙等顆粒性雜質進行初步沉澱並將其剔除；「煮至硝化開時」，用三個雞蛋清（即蛋白）、四五片紅蘿蔔等吸附物，放入硝液中反覆煮沸，吸附其中的渣滓及鹽鹼等成分，而後用笊籬撈出，「再用明亮水膠二兩許」，放入硝溶液中再次煮沸，使之融和並將其倒入瓷甕中冷卻凝固，使廢液浮在甕上，泥末沉澱於底，純硝居於中央，最後去水除渣，取出純硝曬乾，經過上述提煉過程後，每百斤天然硝大致只能提取三十斤純硝。這種純硝呈白色結晶，是配製火藥的優質原料（即氧化劑）。

趙士楨指出：炭粉是配製火藥重要的原料，要選用（清明前後）的柳條，因此時的柳條葉芽將萌未萌，養分集中在柳條上，質地最好，其次是將這種枝直條勻的柳條取下，去皮除節，自然封干，其三是將封干的柳條截成小段，焙製成炭，其四是將焙制好的木炭，碾成粉末，成為配製火藥的原料。由於這種炭粉是用去皮去節的柳條製成的，所以在燃燒時便無煙無脂，具有較高的燃速和各項均勻性，增強了火藥的瞬時迸發力。由於北方的柳條少，所以常用茄桿灰、杉木灰等代替，因而所配製的火藥，在品質上都有所遜色。

趙士楨指出：提煉硫磺時，要把提煉好的硫磺，除「去下沾黑色底，研極細為度」。

趙士楨指：「製藥，每硝十兩、灰一兩五錢、黃五錢。將三種研極細末，用水噴半乾半濕，放木臼內，用杵著力狠搗，若干去，再用水噴濕，搗至一萬杵，取出放在手心內燃之」，藥火燃畢而手心不覺熱者，說明成品燃速快，是合格製品，反之，如火藥燃畢後在紙上留有黑星白點，或手心感到燒灼者，則為不合格製品，需要返工再次搗碾，直到合格為止。火藥製成後還要用羅篩篩選合格藥粒，即將經過檢驗合格的藥塊破碎成粒，用粗細不同的羅篩，分別篩選出大銃（炮）、佛郎機和鳥銃所用的大中小各種藥粒，不成粒狀的可以用作火門引藥，剩下的細粉末則全部剔除。這種按槍炮口徑和藥室大小，選用相應檔次的粒狀火藥的目的，既是為了提高發射威力，也是為了保證火藥發射時的安全。

趙士楨在《神器譜或問》中指出：地有南北之分，氣候有燥濕之別，因此配製火藥時，還要因地、因空氣濕度而調整硝、硫、炭的組配量。他以倭銃與嚕密銃所用火藥為例，當兩者的含硝量相當時，日本因地處海中，空氣濕度大，每分火藥中含炭六點八兩、硫二點八兩，嚕密國地處西亞乾燥之地，空氣濕度小，每分火藥中含炭六兩、硫二兩：兩者相比，倭銃所用火藥中硝的組配比率較低，硫和炭的組配比率較高，嚕密銃所用火藥中硝的組配比率較高，硫和炭的組配比率較低。所以趙士楨要求各地在配製火藥時，要「權度我中華九邊、沿海之宜，再較晴明、陰雨、涼爽、郁蒸之候，備料製藥，一如秦民之守秦法，是亦足稱用兵得算。」

中國古代，從唐憲宗元和三年（八〇八）發明火藥；經北宋慶歷七年（一〇四七）《武經總要》刊載的三個火藥配方，又經明嘉靖三十九年（一五六〇）前《武編》成書時，用「火藥賦」的形式闡述古代火藥配方的理論，到不晚於明萬曆三十九年（一六一一）趙士楨在《神器譜或問》中，提出要根據地域和氣候燥濕程度，調整硝硫炭在火藥中組配用量的結論，中國古代火藥理論已經達到相對完善的程度，為當時我國各地的火藥配製者，提供了配製本地火藥的重要理論依據，是對火藥配製理論的重大貢獻。中國古代兵書是記載火藥用於軍事、火藥理論形成與完善過程的最重要的歷史文獻。

制銃須用閩鐵

趙士楨指出：「制銃須用閩鐵，他鐵性燥，不可用。煉鐵，炭火為上，北方炭貴，不得已以煤火代之，故進炸常多。」這說明他從實踐中認識到用木炭和煤冶煉的鋼材，在性能上有較大的差別，所制槍炮品質的優劣也各不相同。產生這種結果的原因，用現代冶金學的理論一說即明。北方用煤作燃料，由於煤中含硫、磷等雜質較多，故使煉成的鋼材含有較高的硫、磷成分，因而容易脆裂，故不宜製造槍炮。南方福建等地用木炭作燃料冶煉的鋼材，避免了這一缺陷，所以能製造出質地精良的槍炮。這是趙士楨在選用製造槍炮所用鋼材理論的獨到之處。

鳥銃的製造

趙士楨指出：製造鳥銃時先要捲好雙層鳥筒，磋去筒上的「粗黑皮」，放到鑽架上將筒鑽通鑽直，尾部「磋成一火門」，做好螺栓，安好火牆、大門蓋，安準照門、照星，備好合口鉛彈、裝火藥的藥鱉，爾後安在木理正直的銃床（即槍托）上。要求每一種配件，每一道工序都必須一絲不苟，方能製成合用的鳥銃。

鳥銃的使用

趙士楨指出：鳥銃製成後，必須先選用合口鉛彈進行試放。「放銃，全在手準眼疾」，必須按「三點一線」的射擊術進行瞄準射擊。西洋銃、嚕密銃、倭銃構造不全相同，射擊要領也有差異，必須「時常服習」。趙士楨認為：鳥銃與戰車結合使用最為有利，如果在曠野平川上作戰，就要用嚕密銃、迅雷銃、佛郎機等槍炮與火箭射殺敵軍。或者將這些火器置於車上，發揮綜合的戰鬥作用。

車憑神器以彰威，神器倚車而更準，或鼓行而前，或嚴陣待敵，或趨利遠道，或露宿曠野，堅壁連營，治力治氣，無不宜之。……俟其氣惰，我乃開關，用短兵（即刀槍劍等）與弓矢，翼神器而出，此平原（作戰）必勝之法也。

卷五 神器譜或問

本卷主要對製器用器提出的許多問題，逐一加以解答，以消除人們對製器用器所存在的疑慮。

制敵為何必求神器？

有人問作戰時器具很多，為何「必求神器」？趙士楨指出：「我中國之御夷虜，專以長兵取勝」，漢代以強弓勁弩取勝，國初「犁庭掃穴（指永樂帝以神機槍炮三平安南），專用神器，極其精工」，後因神器不精，「致不可用」。而今北方多事，多方困我，怎麼能「不銳意講求必勝之器」呢？但是，作為統兵將領必須要「因時制宜，臨敵制勝」，制定必勝方略，神器必求「多多益善」，這樣才能取勝。

木熕竹銃可以制敵嗎？

趙士楨說：木熕竹銃容易迸炸，「一器迸炸，三軍皆驚」，故不能使用。用鋼鐵製造的火器，只要制工精細，必可用以制敵。

「神器必如何方得精工」？

趙士楨說：只要「知人善任，事專責成，受事視公如私，不辭勞苦，則事舉矣」。為了保持軍隊在作戰中能隨時製成精利神器，那麼就要在一萬名軍人中，編配隨軍「修治攻具、砥礪兵器」的能工巧匠三百名，以便應付急需。如果一支軍隊有十萬人，那麼「巧手合有三千，主帥若不貪財又善用財，能使壯者效力，巧者效能，則神器自可立辦」。若兵政不修，那就無法辦到了。

士卒為什麼臨戰不能命中？

趙士楨認為：這是「無節制之兵耳！兵若素聞有節制，為將者臨陣又有信賞必罰，以鼓其氣，前拒翼衛，以壯其膽，雖遇強敵，自能如常命中」。

為什麼用南方閩鐵製造的神器要優於北方用煤製造的神器？

趙士楨說，製造鳥銃所用的上等鋼材，「必藉爐冶範淬，因借木水火土之氣，和以鍛鍊，（這是）五行化生相成之理……南方木炭鍛鍊銃筒，不唯堅剛與北方大相懸絕，即色澤亦勝煤火成造之器……此政（正）足印證神器必欲五行全備之言，（北方用煤治煉鋼材，因缺少木而）稟受欠缺，（所以煉成的鋼材，不能與五行）舉足者」較量高下。這是因為當時人們還不知道北方用煤直接冶煉鋼材，因有硫磷等雜質而使鋼材經常脆裂的緣故，所以趙士楨只能用「五行化生相成」的理論解釋作現在看來，他的解釋雖因時代侷限而不免有牽強附會之嫌，但制銃須用南方木炭冶煉的鋼材之說，卻成為當時火器研製者所能普遍接受的觀點，並因其能解決造銃中的實際問題而得到了推廣。

《神器譜》的理論

從策略高度倡導火器的發展

火器研製家趙士楨雖身無疆埸之寄，肩無三軍之任，但卻以國家興亡為己責，於萬曆年間頻頻上奏朝廷，請求大力發展火器，改善軍隊的裝備與國防設施。他認為：當時的海中之國日本，戎心已生，禍胎已萌，在蠶食朝鮮之後，必「盡朝鮮之勢窺我內地」，北方遊牧民族貴族勢力，與我僅一牆（指長城）之隔，內犯之勢必不可免。因此要根據他們的作戰特點，大力製造槍炮和戰車，才能「挫凶鋒」，「張國威」。他還建議朝廷把發展火器和戰車，同固國安邦的長遠打算結合起來。他指出，講究神器是對國家有萬世之利的大計，能使國家聚不餉勁兵，儲無敵飛將，「傳之百世無弊，用之九邊具宜」。如果京營增加火器，可壯居重御輕之勢，廣之邊方，可以張折衝禦侮之威。為此，他請求當局者不要被無真知灼見的言論所動搖，要把發展火器製造之事堅持下去，使國家迅速轉弱為強，使敵人膽寒心落，不敢來犯，實現國家長治久安的目的。

製造火器「必須因時而創新」

趙士楨主張研製火器「必須因時而創新」，出奇而制勝。要求火器製造部門選用技精藝熟的工匠，製造精利的槍炮，不可有絲毫差錯。他極力反對浪造浪用火器，指責市井庸碌之徒粗製濫造，「一任匠作亂做，火之熟與不熟（指不掌握煉鋼鍛器的火候），岔口之合與不合（指卷制槍管時接縫吻合與不吻合），膛之直與不直，以及子銃厚薄精粗，茫然不解，一經試效，十壞五六，不咎未能盡制（指規制），亦已新器為不可用」。

禦敵保國必須善於使用火器

為了達到禦敵保國、克敵制勝的目的，國家不僅需要注意增加火器的產量，提高火器的品質，改善國防設施和軍隊的裝備，而且還要求官兵必須熟悉各種火器的性能，善於使用各種火器。趙士楨認為：「攻人之守，守人之攻，命中及遠，（全在於各種火器，使用火器要做到）險勢短節，闔辟張弛，實實虛虛，端倪莫測」，又說「用兵用器，畢竟先明奇正之法，處於不敗之地，然後可以言戰，可以滅賊」。

使用火器必須靈活多變

趙士楨指出：使用火器時必須靈活多變，即要因時、因敵、因地而制變，才能達到取勝的目的。

所謂「因時」而制變，是指要選用「因時」而創新的火器，作戰時要適時捕足適當的戰機，不可因浪戰浪用而失去應有的作戰效果。在使用火器時要因敵而變化，需快速突擊，使敵猝不及防，要虛虛實實，使敵人不知其奧妙，要注意奇正變換，使自己立於不敗之地；當密集的敵人來至二三里以內時，先以佛郎機炮、嚕密銃、迅雷銃逐次射敵，挫其凶鋒；待敵潰退時，持單兵火器與冷兵器的士兵要在近戰中殲敵。

所謂「因敵」而制勝，就是要根據不同敵人不同的作戰特點，採用不同的火器：北方遊牧民族內犯時，「多在平原曠野之處；倭奴入寇，多在林莽泥塗之地。虜之衝突也，群聚而來，故御虜當以重器、鋭器（即重炮、利槍）為正，遠器、準器（即鳥槍、弓矢）為奇。倭之求戰也，陸續而進，故防倭當以遠器、準器為正，重器、鋭器為奇」。

所謂「因地」而制宜，就是在不同的地形作戰時，要用不同的火器，同時還要防止敵人對我軍火器的威脅：在平原曠野中，要防止敵軍從遠處射擊本軍的火器，在叢林狹道中，要防止敵軍使用燃燒性火器夾擊本軍，在坡谷之地，要防止敵軍在坑坎處伏擊本軍；在長江大河中處於敵軍下風時，要防止敵軍使用火器攻擊本軍。

趙士楨所研製的火器，對改善明末軍隊的裝備和國家的武備，產生了積極的影響。萬曆三十年（一六〇二）六月十七日，兵部等衙門署掌部事太子太保刑部尚書蕭大亨奉旨，會同都察院左都御史溫純，到宣武門外西城下，對趙士楨所製作的車銃逐一進行試驗，並一一核對原來的圖式解說後，回奏神宗：「其器械委果銛利，其制度委果精巧……假令製造如法，施用得宜，則以車代騎，以銃代兵，其利十倍弓矢，其力百倍短兵，誠中國之長技，不戰而屈人之勝算也。臣等竊謂用之京營，可以壯居重馭輕之勢，廣之邊方，可以張折衝禦侮之威，端於戎事有裨，並非虛誑」，並建議將「所制車銃式樣隨發京營，依法成造。責令官員加意教習，傳示各邊，以究其防邊制虜之用」。奏疏中還充分肯定了趙士楨「職在供奉，乃能朝夕講究，殫（殫）力傾資製造利器，用備不虞。且雅志報國，別無它覬，尤可嘉尚」。然而《神器譜》及其作者趙士楨，在當時卻受到了冷遇，直到明末也鮮為人知。清人修《明史》時也未列趙士楨傳，《四庫全書》也不著錄。直到一九四二年，以博學聞世的王重民先生，因「其（趙士楨）名譽清初猶未墜，至今其事跡不可得，才為趙士楨撰寫了一千多字的小傳。王重民先生還認為，趙士楨當與明代科學家李時珍、宋應星、徐光啟相併列。

王重民先生的評價並不過分，趙士楨以其一生研究的纍纍碩果與垂範青史的《神器譜》，向世人表明他不愧是我國明代萬曆年間傑出的火器研製家。他一生辛勞，刻意研製火器，鑽研理論，以至「竟成鍛癖……似醉若痴」，「千金坐散而不顧」，「備極勞苦而不辭，不惜以蒲柳孱弱之軀……孳孳，恆窮年而罔恤」，可以說是一位具有獻身精神和愛國主義思想的火器研製家。由於他創製的火器，都是「韜鈐奇正，再觀古人兵器，觸類旁通，加以妙悟」而成，所以都具有鮮明的時代特色。明末傑出的科學家、軍事技術家徐光啟，在天啟元年（一六二一）二月十七日的《謹陳任內事理疏》中稱：他所領用的依趙士楨之法而改制的兩千支嚕密銃，經明軍試用數月，「只是小有炸損，不過數門，其餘均堪用」。在當時浪造浪用火器成風的情況下，唯有依趙士楨之法所造嚕密銃的品質，能滿足明軍使用的要求，得到徐光啟的認可，這實在是難能可貴的。明末火器研製家焦勖在《火攻挈要．自序》中說：當時流傳的諸火器書中，最有實用價值者，「唯趙氏藏書」。焦勖的評價實為中肯之論。

趙士楨所著的《神器譜》等論著，並不是火器製造技術和工藝的單純彙集，而是在深入研究明廷在南北兩個方向軍事鬥爭策略需求的基礎上，根據不同的作戰對象、不同的作戰地域，指導火器研製和使用的理論集粹，是他通曉兵法理論，深知明軍策略、戰術、戰法，以及熟諳冶金原理、機械技術、火藥理論的結晶，是繼戚繼光所著的《紀效新書》、《練兵實紀》之後，關於火器製造與使用理論的水準更高，科學性更強的著作，是從理論與實踐的結合上，把明代後期火繩槍的研製，推進到一個新的發展階段的代表，對明末清初火器的發展產生了積極的影響。如果說戚繼光是一位熟諳火器製造與使用的戎馬倥傯的軍事家，那麼趙士楨則是一位精通古代兵法的火器研製家。

《西法神機》

明末關於西洋火炮製造與使用的一部理論專著。明代孫元化撰。書中所說的西洋大砲，主要是指十六到十七世紀歐洲的英國、荷蘭、義大利等一些國家製造的早期加農炮。

孫元化，明末將領與軍事技術家，字初陽，一字火東，嘉定（今屬上海）人，出生年不詳。《明史·徐從治傳》後附有其小傳，稱其「善西洋炮法，蓋得之徐光啟云」。清乾隆《嘉定縣誌》則說他天資異敏，好奇略，師從上海徐光啟，受西學，精火器」。因條陳備京、守邊等策，得以贊劃經略軍前。天啟二年（一六二二）九月，他以兵部司務身分，在山海關協助遼東經略孫承宗修築城防。全力支持科學家徐光啟、李之藻，以及他的同行張燾等人，從澳門葡萄牙當局購買三十門英制加農炮，用以抵抗後金軍的進攻。天啟三年，他隨寧前兵備道袁崇煥守寧遠（今遼寧興城），負責管理從北京調運至山海關的十一門西洋大砲（即英制加農炮），並組織部下大量製造各型火炮，加強寧遠的城防，在寧遠徐光啟等從澳門葡萄牙當局購買的英制加農炮大捷中立了功。至崇禎初年起，任兵部員外郎，不久遷郎中。崇禎三年（一六三〇），經老師徐光啟薦舉，調任登萊巡撫，忠實按徐光啟的意圖，聘請葡萄牙人公沙的西勞（Gonzives Texeira Correa）

和陸若漢（Jean Roddriguea）等人，到登萊製造西洋大砲和對士兵進行使用火炮的訓練。崇禎五年（一六三二），其部將孔有德、耿仲明叛明降清，在吳橋發動兵變，攻陷登萊。孫元化被俘後自殺未死，被叛軍放歸。崇禎六年九月，被明廷處死。有《經武全書》、《西法神機》等著作傳世。

《西法神機》是孫元化的代表作。金民譽於清康熙元年（一六二二）四月，為《西法神機》所作的序言中稱：孫元化於天啟、崇禎年間「從軍遼左，（由徐光啟）薦升登萊巡撫，徐光啟與利瑪竇歷數戰，皆火攻取勝。其法甚祕……凡著作之有關兵事者，輒焚棄，而火攻一法亦鮮有傳者。聿中丞中表王公式九，預留副本，遞傳及余，且三十年矣，因錄之以示同學」。可知《西法神機》成書於崇禎五年，係依據副本刊印的古香草堂刻本，分上下兩卷，上卷七節，下卷五節，約三萬餘字，三十四幅附圖。中國科學院圖書館藏有此書。又據楊恆福於清光緒二十八年（一九〇二）夏，為《西法神機》作的跋稱：「明萬曆間，西人利瑪竇（Matteo Ricci，西元一五五二至一六一〇年）入中國時」，於萬曆二十年（一六〇〇）結識徐光啟（一五六二至一六三三年）、李之藻（一五六五至一六三〇）等科學家。徐光啟向利瑪竇學習「天算、火器」，合作翻譯了《幾何原本》。李之藻也向利瑪竇學習算術、火器，並與利瑪竇、羅雅各（J.Rho，西元一五九三至六三八）等，合作翻譯了《圓容較義》、《同文算指》等數學著作。孫元化又向徐光啟、李之藻等人學習火器製造與使用技術，並運用《幾何原本》、《圓容較義》、《同文算指》等著作的數學知識，著述《西法神機》，「有圖有說，條理秩然」，成為運用數理化知識，著述新型火炮的專著。《西法神機》卷下首頁圖《西法神機》是運用數理化知識，解釋西洋火炮製造與使用技術的專著。解讀的重點亦側重於此。

《西法神機》的分卷

卷上

本卷主要論述西洋火炮鑄造的基本原理，以及戰銃、攻銃、守銃（即野戰炮、攻城炮、守城炮）、炮車、炮台的鑄造與建築方法。

孫元化在「泰西火攻總說」中指出：如何製造高品質的合用火炮，只有「精於理者能知，亦精於理者能造」。「成之不易，煉之更難」。如果造炮用的銅鐵材料質理粗疏，夾有雜質，看上去「似無罅隙」，但是由於「藥猛火烈，立見分崩」，產生膛炸。

究其根由，在於開爐鼓鑄時，「未推物理之妙」。孫元化此論之本意，在於從把握鑄造火炮所用材料品質的根本問題上，保證鑄成精良的火炮。

鑄造戰銃、攻銃、守銃尺量法各節，主要論述以口徑的尺寸為基數，按一定比例倍數設計火炮其他各部分尺寸的方法。如戰銃的口徑為三吋，則戰銃其他各部分與口徑尺寸的比例倍數如下：戰銃火門至炮口長三十三吋，火門至炮耳長十三吋，炮耳至炮口長十九吋，炮耳前壁厚○點七五吋，炮口壁厚○點五吋，其餘火門前壁厚、炮耳直徑、炮耳長、炮底厚、尾珠直徑、尾珠長都是一吋，即與炮口的直徑相等。按同樣的道理，攻銃，火門至炮口長十八至二十二吋，火門至炮耳長八至十吋，炮耳至炮口長時到十二吋，炮耳前壁厚○點七五吋，其餘火門前壁厚、炮口壁厚、炮耳直徑、炮耳長、炮底厚、尾珠直徑、尾珠長都是一，即與炮口的直徑相等。守銃，火門至炮口長八到十六吋，火門至炮耳長二點七至五點三吋，炮耳至炮口長五點三至十點七吋，其餘火門前壁厚、炮耳前壁厚、炮口壁厚、炮耳直徑、炮耳長、炮底厚、尾珠直徑、尾珠長都是一吋，即與炮口的直徑相等。

上述三種類型火炮的尺寸不同，其用處也各不相同。野戰炮比較輕便，可隨軍進行機動作戰。攻城炮既有直射又有曲射，其中曲射炮實際上就是後來的臼炮，可曲射城中的人馬和建築物。守城炮因安於城上用於轟擊接近城牆之敵，所以炮身比較短，而且火門至炮耳的長度，僅為炮耳至炮口長度的一半，故炮身向下俯斜，適應於從城上向下俯擊的需要。

孫元化在「造銃車說」中指出：銃彈射程的遠近，「全賴銃口低昂（的程度），銃口低昂復憑銃尾高下，則架耳之車制不可不講矣。夫銃有戰、攻、守之不同，車亦有戰、攻、守之各異」。

孫元化在「銃台圖說」中指出：彈丸射出炮膛，在空中飛行時，並非直線前飛，而是「全用其直勢，亦半用其曲勢，曲勢過半，不能殺人矣」。其意是說，彈丸在空中飛行，既有向前直飛之勢，又有受地球引力影響向下墜落之勢，兩者的合力形成彈丸飛行的曲勢，即拋物線軌跡。如果曲勢過半，即彈丸飛過了彈道拋物線的頂點之後，其速度降低，動能減少，殺傷力減弱，直至最後飛行速度為零，殺傷力完全消失為止。孫元化對彈丸在空中既作直勢又作曲勢飛行的論述，雖不如義大利科學家伽利略（Galileo Galilei）那樣把拋物線的理論闡述得十分透徹，但是這一論述在中國古代卻是一大突破，而且在年代上也是緊隨伽利略之後而相隔不長的。

孫元化在「銃台圖說」中，對銃台（即炮台）上發射大型砲彈後產生的強烈震動作了進一步的探討。他認為，當炮手發射砲彈時，炮膛所產生的強烈火藥燃氣即「銃氣」，隨之沖出炮口，使炮口周圍的空氣相激，其「氣之動也最捷，故山谷皆答（即回聲），其近而裂者，則能排牆，能撼石」。孫元化的解釋，雖然還沒有直接指出大型火炮射擊後產生的強烈震動，是衝擊波造成的，但是已觸及衝擊波本質之邊緣了。現代科學所說的衝擊波，是由物質高速運動或火藥爆炸時，在介質（如空氣、水、土壤等）中引起強烈壓縮，並以超聲速傳播的波。這種波在火藥爆炸後都能產生，但只有當火藥量足夠多，爆炸足夠強烈的時候，才能產生強烈的衝擊波，其勢如颶風疾捲，所捲之處，能擊殺有生力量（人或其他動物）、摧毀物體。中國古代提到衝擊波現象的書，並非自《西法神機》始。早在宋元之際周密所撰的《癸辛雜識．炮禍》中所提到的「炮風」，就是一例。不過該文只是提到而已，並未對「炮風」所產生的摧毀力作任何解釋。此後，在《籌海圖編．銅發熕》中介紹銅發熕的威力時，也提到「其風能煽殺乎人」之事，文中所說的「炮風」，也就是大型火炮爆炸後所產生的衝擊波。不過該文也只是提到為止，沒有對「炮風」作任何解釋。孫元化的可貴之處，在於他對衝擊波現象作了初步解釋，這在中國軍事技術史上還屬首創。

卷下

本卷主要論述鐵彈造法、火藥庫建築的要求、配製火藥、火炮配件的製造與使用等問題，並介紹了一些計算方法。

孫元化在「造鐵彈法」中指出：有人認為，既然所造火炮的品質得到了保證，為什麼還會出現砲彈的射程達不到設計的距離呢？這一定是火藥的品質出現了問題。其實不然，這是由於砲彈的直徑與火炮的口徑不貼合匹配的原因造成的。如果兩者不貼合匹配，就會在火藥燃燒後產生洩氣現象，因而使砲彈射出後產生歪斜和偏差，以致不能達到設計的射程。西洋火炮所用的砲彈，其直徑與火炮的口徑完全貼合匹配，所以能命中致遠。

孫元化在「煉火藥總說」中指出：如果配制的火藥，不按硝、硫、炭的性質去調劑，那麼所制的火藥就會產生「不因其性，不得其理，用之必不遂意」的後果。因此要將配製火藥的「硫磺去下面黑腳（即雜質沉澱物），研極細末，仍用水飛過（即過濾），入藥方（時）不滾珠（即不凝結），柳炭須（用）清明後採取如筆管大者，去皮去節，有皮則多煙，有節則迸炸」，焰硝要去除渣滓和水中鹼味。然後將三者均勻拌和，用木杵搗研上萬次，再按規定經過篩選後才能使用。《西法神機》與此前的兵書不同，它的理論大多是透過數學計算進行表述的。

❖ **研製火藥與火器必須明理識性**——孫元化所說的理和性，實質上是指製造火器與配製火藥所用原料的物理和化學特性。孫元化認為，製造火器與彈藥時，必須「推物理之妙」，合事物之性。精於理者不但能了解彈藥與銃車的特性，而且能按照這些特性，採用「合理」的方法進行製造。製造槍炮時要選用精良的鋼鐵，若錯用品質粗疏的銅鐵，雖然從外表上看不出它們的罅隙之處，但是只要使用猛烈的火藥一試，炮管就會炸裂。配製火藥如果不按規定程式和工藝要求進行，那麼就配製不出性能良好的火藥。

❖ **用定量計算確定火炮設計的最佳方案**——《西法神機》用數計算的方法，論述了以火炮口徑的尺寸為基數，按一定的比例倍數設計火炮其他各部分的方法，認為按這種方法設計的火炮，其口徑、長度和重量，既能保證所需要的殺傷威力，又不致因炮身過重而影響在戰場上的機動。

❖ **用定量計算確定彈重與裝藥量的關係**——孫元化指出，彈重與裝藥量之間要有一定的比例關係，凡彈重一到八斤者，彈重與裝藥的重量相等，彈重九到十七斤者，裝藥量為彈重的五分之四；彈重十八至二十八斤者，裝藥量為彈重的四分之三；彈重在二十七斤以上者，裝藥量為彈重的三分之二。按照上述比例製造的砲彈，裝填在口徑適宜的火炮中，其命中和致遠的效果較好，反之則差。

❖ **用試射方法測定火炮射程與射角的關係**——孫元化在《點放大小銃說》中，透過火炮的試射，測定了火炮射程與射角的一般關係。孫元化在《西法神機》中運用數學計算的方法，論述火藥、火炮製造與使用諸方面的問題，反映了明代的科學家和軍事技術家，在指導火器研製與使用的理論基礎方面，已經從經驗描述與定性研究的舊軌，轉向定量與定性研究相結合的新軌，這是明代科學家與軍事技術家所取得的最重要的突破性成果。

《西法神機》的影響

促進了明末清初火炮製造與使用的發展

《西法神機》雖然是孫元化的著作，但是實際上也包含著他的老師徐光啟和李之藻等科學家，造炮用炮智慧的結晶，對明末清初紅夷炮（清初改為紅衣炮）的製造和使用，產生了重大的影響，並形成了製造紅夷炮（紅衣炮）的高潮，這個高潮一直持續到康熙時期其間的製品至今仍陳列在天安門內端門至午門的廣場上。這些火炮，大多成為明清雙方在明崇禎四年（清天聰五年）的大凌河之戰、明崇禎十三至十五年（清崇德五年至七年）的錦州與松山之戰、明崇禎十七年（清順治元年）的山海關之戰中使用的大威力火炮。

入清以後，南明政權與南方揚州、江陰、桂林明末清初製造的紅夷炮等地軍民也多製造紅夷炮，作為反清鬥爭的利器，其中以鄭成功的部隊使用最多。陝西省博物館收藏了鄭成功所部制於南明永曆乙未年（南明永曆九年，清順治十二年）製造的一門紅夷炮型火炮，炮身長兩百一十釐米、口徑十一釐米，其上鑄有鄭成功的名號「欽命招討大將軍總統使世子」，以及製造年代「大明永曆乙未仲秋吉日造」等字。鄭成功不但用其部所造火炮進行反清戰爭，而且還統率其部驅逐荷蘭殖民者，收復臺灣，開了中國軍隊使用大型火炮進行渡海作戰的先河。

鄭成功收復臺灣之戰

自明天啟二年起，荷蘭殖民機構東印度公司（駐印度尼西亞）便開始逐步侵入臺灣。崇禎十五年，荷軍擊敗了侵占雞籠（今臺灣基隆）、淡水等地的西班牙軍後，又奪占臺灣北部，至順治十八年，侵台荷軍已增至兩千人。明末清初，臺灣人民曾多次採用各種方式，反抗荷蘭殖民者的暴行。鄭成功於順治十八年正月，在廈門召開軍事會議，決定進攻臺灣。三月二十三日，鄭成功率部二點五萬人，分乘戰艦一百二十艘，自金門出發至澎湖候風進攻。三十日，他留兵三千守澎湖，自率主力艦隊冒雨橫渡海峽，於四月初一日抵臺灣島咽喉鹿耳門港外，乘漲潮之機，從荷軍未加設防的北航道進入台江，布列艦陣。臺灣城（今台南安平區）上荷軍只好出動夾板船到海面阻擊，並從赤嵌樓（今台南市西北的鎮北坊）炮台發炮攔擊。當晚，鄭軍艦船突過荷軍炮火，在禾寮港登陸紮營，將臺灣城與赤嵌樓炮台分隔包圍。鄭軍先以六十艘戰艦（每艦備艦炮兩門），包圍並殲滅了荷軍在海上和江上的艦船，又於初四日迫降赤嵌樓炮台的荷軍，進而圍困臺灣城。經過八個多月的圍困攻打，並擊退荷蘭當局從海上派來的援軍後，荷軍不支而降。順治十八年十二月十三日，荷蘭殖民總督揆一在投降書上簽字。被荷蘭殖民者侵占達三十八年之久的臺灣島，終於又回歸明朝，荷蘭殖民者從此被驅逐發表灣。鄭成功及其部隊受到臺灣人民的熱烈歡迎。

鄭成功在收復臺灣之戰中指揮出色，部署周密，大量使用新式火炮，出現了我國水軍艦隊首次使用大型艦炮，同敵海上艦隊進行炮戰和登陸作戰的壯觀場面，在戰術上有新的發展。

康熙時期火炮的發展與清軍平定三藩、收復雅克薩之戰

康熙十二年十一月，雲南平西王吳三桂部、廣東平南王尚可喜（尚可喜告老後由其子尚子信嗣）部，福建靖南王耿精忠（耿仲明之孫）部三藩，因反對康熙皇帝撤藩而相繼叛清，史稱「三藩之亂」。康熙帝玄燁決定用武力平叛，命在清廷鄭成功用火炮收復

臺灣之戰臺灣人民熱烈歡迎鄭成功供職的比利時國在華傳教的南懷仁，組織工匠製造各型紅衣炮，運往前線，至康熙十七年三月，「三藩之亂」被平定。

康熙朝廷於平定「三藩」之後，又為收復雅克薩預作準備。玄燁畫像雅克薩位於黑龍江上游右岸，地處水陸要沖，清順治八年），被沙皇俄國侵略者哈巴羅夫侵占。康熙朝廷為收復雅克薩城進行了各種周密的部署。康熙皇帝玄燁於康熙十年和二十一年，兩次親臨雅克薩巡視，要求當地駐軍作好收復雅克薩的備戰部署。朝廷也採取了如下措施：首先，決定鑄造大型火炮，邊鑄邊運往前線，以為攻城之用。其次，於二十一年八月，命副都統郎坦與彭春（一作朋春），率兵偵察和了解雅克薩的敵情和附近的地形。其三，於二十一年底派兵屯駐愛琿、呼瑪和額蘇里等地，並準備炮具、戰艦，修斥堠，進行屯種，以為進兵基地。

二十四年初，清軍備戰部署就緒，二十門神威無敵大將軍炮及其他各型火炮已運至攻城部隊中。正月二十三日，彭春至愛琿坐鎮。四月，彭春率三千清兵，攜大砲及各種兵器，乘戰艦從愛琿出發，分兩路向雅克薩開進。五月二十二日兵臨城下，並向城內俄軍致書，歷數其侵略罪行，並勒令其退兵雅庫。俄軍拒絕規勸，企圖據城頑抗。二十三日，清軍分水陸兩路攻城：陸師布列城南，戰艦集於城東南，大砲安於城北。二十五日黎明，清軍發炮猛轟城垣。激戰三日，收復了雅克薩城。當清軍退回愛琿後，俄軍又於當年底次年初重占雅克薩。二十五年七月，清帝命清軍再度圍城。八月底，清軍用神威無敵大將軍炮從四面轟城，八百餘名俄軍僅有六十餘人倖免。沙俄政府被迫與清政府談判。

二十八年七月，中俄簽訂《尼布楚條約》，從法律上肯定了外興安嶺以南的黑龍江流域和烏蘇里江以東是中國的領土。此戰是清初對外戰爭中使用大型火炮攻克堅城的著名戰例。神威無敵大將軍炮此戰所使用的火炮主要有下列幾種。神威無敵大將軍炮，載於車上發射，制於康熙十五年。一九七五年五月，齊齊哈爾建華機械廠工人，在該廠發現一門曾在清軍收復雅克薩之戰中使用過的銅製神威無敵大將軍炮。實測數據為：炮長兩百四十八釐米、口徑十一釐米、重一千公斤、彈徑九釐米、重二點七公斤。炮身鐫有滿漢文字「神威無敵大將軍大清康熙十五年三月二日」，與《清會典圖》卷一九四記載中較小的一神威將軍炮龍炮種神威無敵大將炮相近。此炮炮長與口徑之比為二十二點五四，屬攻城炮。

神威將軍炮，制於康熙二十年，載於車上發射。全長六點六尺、口徑三點三吋、鉛彈重十八兩。裝填火藥九兩時，可射七百五十尺。炮身有四道箍，兩側各有一個炮耳。

炮身鐫有滿漢文「大清康熙二十年鑄造神威將軍」等字。長度與徑比為二十，屬攻城炮。有十二門運至齊齊哈爾，在收復雅克薩之戰中發揮了重要作用。

龍炮，制於康熙二十年，載於車上發射。用銅子母炮製造，長六尺，重三百七十斤。炮身鐫有滿漢文「大清康熙二十年造」等字。龍炮通常在皇帝親征時才使用。收復雅克薩之戰後，尚有六門存於齊齊哈爾炮庫中。

康熙時期製造與使用火炮的種類甚多，它們既受孫元化所著《西法神機》的影響，又有南懷仁的親自設計和監造，從而把中國古代製造與使用火炮的技術，提升到一個新的發展階段。

《兵經百篇》

揭暄撰。揭暄，字子宣，清初江西廣昌人。據載，他「少負奇氣，喜論兵，慷慨自任。獨閉門戶精思，得其要妙，著為《兵經》、《戰書》，皆古所未有。」（《揭暄父子傳》）他還深明西方算學，著有《璇璣遺述》（一名《寫天新語》）等。曾起兵抗清，失敗後隱居山林，鬱鬱而死。

《兵經百篇》又名《兵鏡百篇》、《兵法百言》、《兵經百字》、《兵略》、《揭子兵書》、《兵法圓機》等。清道光六年成書的《皇朝經世文編·兵政門》錄有此書（以下簡稱文編本）。全書分智篇、法篇、術篇上、中、下三卷，由一百字為題組成一百篇。但文編本所收內容不全，《智篇》刪去了「言」字；《智篇》之「左」字，《法篇》之「較」字，《術篇》之「蹙、嘍、半、靜」等字均佚。清光緒年間江都吳明經西書從瀋陽書肆中購得一書，題名為《揭子兵書》，其卷次和百字分目與文編本均相同，而且文編本所刪一字和所佚六字具存，為本書的完璧本。其與文編本所不同的是，下篇「術」字為「衍」字。孰對孰誤？一種意見認為「衍」對，理由是下篇二十八字非智、法二篇所能概括其範圍，故以「衍」名篇，取諸推闡無盡之義，文編本係由「衍」「衡」形似而致誤；另一種意見則認為「術」對，其理由是「術」字在《說文》裡訓為道，古代兵家莫不以智、法為用，以道為體，下篇二十八字始於「天」而終於「藏」，「天」為道之本原，而「藏」為道之歸宿，以「術」名篇是正確的。

《兵經百篇》將軍事上各方面的問題概括歸納為一百個字，每字之下有一段論述，又大體按權謀、形勢、陰陽的分類標準，按內容屬性分為智、法、術三篇（有的版本「篇」作「部」）。智篇主要講計謀方略，共收爾十八字，即：先、機、勢、識、測、爭、讀、言、造、巧、謀、計、生、變、累、轉、活、疑、誤、左、拙、預、疊、周、謹、知、間、祕。法篇主要講練兵用兵之法，共收四十四字，即：興、任、將、輯、材、能、鋒、結、馭、練、勵、勒、恤、較、鋭、糧、行、移、住、趨、地、利、陣、肅、野、張、斂、順、發、拒、撼、戰、搏、分、更、延、速、牽、勾、委、鎮、勝、全、隱。術篇主要講天文、術數、偵察通信等用兵的輔助條件，共收二十八字，即：天、數、辟（一作閉）、妄、女、文、借、傳、對、蜃、眼（一作目）、嘍、捱（一作持）、混、回、半、一、影、空、無、陰、靜、閒、忘、威、謚、自、如（一作藏）。

《兵經百篇》是一部理論性較強的兵書。它繼承了古代優秀軍事思想，並結合自己的研讀心得和清代的軍事實踐，用當時較為通俗的語言進行了闡發，對一些問題提出了自己的看法。在戰爭觀方面，對孫子的「不戰而屈人之兵」進行了具體發揮，認為「兵以安民非害民，兵以除暴非為暴」。所以，主張「於無爭止爭，以不戰弭戰，當未然而寢消之」，「無功之功乃為至功」。即使戰爭真得打起來，也要「定不攻自拔之計以全城；致妄殺之戒以全民；奮不殺之武以全軍；毋邀功，毋欣利，毋逞欲，毋籍威，城陷不驚，郊市若故」。在治軍方面，提出以將制將、不要聽信讒言，「毋聽讒，讒非忌即間也。故大將在外，有不俟奏請，贈賞誅討，相機以為進止。將制其將，不以上制將」。重視軍隊內外、上下之間的團結，認為團結是治國行軍的重要思想基礎，指出：「輯睦者，治安之大較。睦於國，兵鮮作；睦於境，燧無警。不得已而治軍，則尤貴睦。君臣睦而後任專；將相睦而後功就；將士睦而後功賞相推，危難相援。是輯睦者，治國行軍不易之善道也。」提倡廣開言路，傾聽各類人員的意見，「獻謀獻策，則罔擇人，偶然之見，一得一長，雖一卒徒，必亟上推，言有進而無退，雖不善而不誅，則英雄悉致」。他還提出了「勝天下者用天下」的觀點，認為不管是本國，還是與國、鄰國、敵國，凡是可用之材，可用之力，都要充分利用。重視關心愛護士兵，除了重申以往兵家所謂與士卒同生死共患難之外，對愛兵提出了更高的要求，即「不使陷於敵，不使陷於法」。特別強調糧餉在戰爭中的作用，認為「食者，民之天，兵之命，烏可緩也」。並根據新的戰爭經驗對孫子的「因糧於敵」和檀道濟的「籌糧沙」之計提出了自己的看法，認為這種辦法只能救一時，不能完全依靠，「因糧於敵，與無而示有，虛而示盈，運斷圍久，索百物為餇者，間可救一時，非可常恃」。對糧餉必須做到取之不盡，運輸暢通，嚴密守護，節約使用，「故必謀之不竭，運之常繼，護之維周，用之恆節」。

《兵經百篇》在軍事哲學方面具有明顯的進步傾向。首先，它用樸素的唯物主義自然觀解釋古代的天文術數，認為「星浮四游，原無實應。」風雨雲霧是一種自然現象。

這些自然現象的產生與社會活動沒有必然連繫，但人們可以利用這些現象為社會活動服務。所以，它反對觀天意，而主張觀天象而用兵，並總結了惡劣氣候往往是進攻一方喜歡利用的時機，提出：「疾風颯颯，謹防風角。眾星皆動，當有雨濕。雲霧四合，恐有伏襲。疾風大雨，隆雷交作，急備強弩，謹防敵突。善因者無機而不乘，善防者無變而不應。天未嘗不在人，唯智者能因之取勝耳。」它對術數完全持否定態度。所謂術數是指以種種方術，透過觀察自然界的現象來推測人、軍隊和國家的氣數和命運。它認為戰爭勝負與術數無關，是人決定「氣數」，而非「氣數」決定人。指出：「兵貴用謀，何可言數。而數亦本無，風揚雨濡，在天只任自然；冰堅潮停，亦是氣候偶合」，「事所未意，而機或符，皆以人造數，而非有數造人，數係人為，天著何處。」所以，它極力反對以占卜的所謂憑據、禁忌來決定軍事行動，「兵家不可妄有所忌，忌則有利不乘；不可妄有所憑，憑則軍氣不激」。主張以人事和時務來制定戰爭決策，「以人事準進退，以時務決軍機，人定有不勝天？志一有動氣哉」。但是，它又主張假借鬼神而用兵，「兵法以能妄而有功」，鬼神、夢占、謠讖等都可以用來鼓舞軍心，沮喪敵人士氣。其次，它明確提出了軍事事物具有相互對立又相互依存的兩個方面，指出：「義必有兩，每相對而出，有正即有奇，可取亦可舍。」在這一思想指導下，它對軍事上的許多問題都能從正反兩方面來論述，如在講到以計破敵時，強調我用計，敵亦用計，我變敵亦變，只有考慮到這一點，才能高敵一籌，戰而勝之，指出：「我以此制人，人亦可以此制我，而設一防。我以此防人之制，人亦可以此防我之制，而增設一破人之防。我破彼防，彼破我防，又應增一破彼之破。遞法以生，踵事而起。」第三，認識到事物之間的相互變化，主張以變制變，活用兵法。認為「動而能靜，靜而能動，乃得兵法之善」。陰陽、主客、強弱都處在不斷的變化之中，指出用兵要善於隨機應變，因敵之巧拙，因已藝之長短，因將之智愚，因地之險易而靈活用兵。

《兵經百篇》思想內容比較豐富，而且不雜抄硬拚，語言也較簡練，是清代的一部重要兵書，具有一定軍事學術價值，在清代後期有較大影響。

《兵經百篇》初以抄本傳世，後被賀長齡、魏源收入《皇朝經世文編》，李鴻章收入《兵法七種》刊行。光緒年間浙江學堂教員侯榮逐字釋義，並引戰例相參證，於光緒三十四年由齊國璜整理出版。民國初年又有多種鉛印本行世。

《兵謀與兵法》

《兵謀》一卷，清初魏禧撰。是一部輯錄《左傳》用兵謀略的兵書。魏禧認為：「凡兵有可見，有不可見，可見曰法，不可見曰謀。法而弗謀，猶搏虎以挺刃而不設阱也；謀而弗法，猶察脈觀色而亡方劑也。」所以，他很重視用兵之謀和用兵之法，便把《左傳》中的有關「謀」和「法」的史實進行剖析梳理，綜合歸納，編成《兵謀》和《兵法》二書。

《兵謀》概括出了《左傳》中的三十二條用兵謀略：

❖ 和，上下禮讓，同心和睦；
❖ 息，息民養戰；
❖ 量，度量敵我；
❖ 忍，忍辱含垢，以圖大謀；
❖ 弱，示弱驕敵；
❖ 弱而示之強，以震懾敵人；
❖ 致，調動敵人，迫於就範；

- 畏，敬畏，優而不恃，勝而不驕；
- 防，防敵謀我；
- 需，遲緩以老其師；
- 疾，急速乘敵之隙；
- 久，持久固守要沖；
- 激，抑制自己衝動，激怒敵人，使其暴躁，失去常態；
- 斷，果斷不疑；
- 聽，傾聽部眾賢能的意見；
- 詭，詭詐，知人之詭，我以詭人；
- 信，信用禮節；
- 諜，間諜；
- 間，離間，間而撓之，間而離之；
- 內，內奸；
- 釁，間隙，乘敵之隙；
- 逼，以勢逼敵投降，不戰而勝；

❖ 與，與國，國家之間結盟共同抗敵；

❖ 脅，脅從，逼迫敵人聽從我調動；

❖ 假，假借占卜、神鬼、物象等矇騙敵人；

❖ 名，師出有名，執義循禮；

❖ 辭，辭令，以辭令贏得戰爭勝利；

❖ 備，戒備，未戰備戰，未敗備敗，有備無患；

❖ 法，賞罰之法制；

❖ 同，與士卒同甘共苦；

❖ 本，以民為本，修其本以勝敵；

❖ 保，保障勝而不敗，保衛勝利果實。

每條謀略之後輯錄《左傳》中有關戰例若干條，每條戰例都一一註明了《左傳》上的年份，便於查找。如「弱」條下輯錄了「文公退三舍以驕子玉（夾註：僖廿八。即《左傳》僖公二十八年）」等十餘條戰例故事。從全書看，裡面也夾有輯錄者的觀點，如「聽」條下指出：「或聽於眾，或聽於賢，或聽於能，或聽於尊；不聽則敗，聽於私則敗。」等等。

本書既是讀《左傳》的札記，又是講謀略的兵書，對研究《左傳》中的謀略思想有一定參考價值。《昭代叢書丁集新編補》收錄有此書，書後有吳江沈茂德《兵謀跋》。《兵法》一卷，魏禧撰。《兵法》是一部輯錄《左傳》用兵之法的兵書，其體例同《兵謀》，每法之後輯錄《左傳》中的有關戰例故事，並註明《左傳》中的年份。本書將《左傳》中的用兵之法歸納概括為二十二條，即：

❖ 先，先聲奪人，先發制敵；
❖ 潛，隱蔽襲敵；
❖ 覆，埋伏乘敵；
❖ 誘，示弱誘敵；
❖ 乘，乘敵不意，攻其無備、如乘於未陣，乘於半濟等；
❖ 衷，分割包圍；
❖ 誤，多方誤敵；
❖ 瑕，罅隙，攻敵薄弱之處；
❖ 援，聲援，兵必置援以備不虞，且張其聲；

- 分，兵必分道，以攻則奇，以守則固，以罷人則逸，以息民則不勞，以備不虞則不敗；
- 嘗，嘗試，試探；
- 險，戰必知地之險阻；
- 整，軍容嚴整；
- 暇，示閒暇造成敵人判斷失誤；
- 眾，示眾懾敵；
- 簡，簡選精銳；
- 一，統一進退號令；
- 勸，激勵士氣，勸道有四，日恩，日威，日忿，日身；
- 死，拚死作戰；
- 物，以物助戰，兵之變無所不有，故物無所不備；
- 變，權變，因敵制變；
- 將，統率將領的方法。

該書把《左傳》中的用兵之法進行了系統的梳理分類，為研究《左傳》的軍事思想提供了一些方便。此書收錄在《昭代叢書丁集新編補》中，書後有吳江沈茂德《兵法跋》。

《防守集成》

《防守集成》，顧名思義，是關於防守城池的集大成之作。實際上它是鄉兵團練防守縣城土堡的兵書，與《金湯借箸十二籌》、《救命書》等屬於同一類。原書題朱璐編次。朱璐，字玉泉，清末旌德（今安徽省旌德縣）人。他成年後喜歡蒐羅閱讀各家兵書，鉤玄撮要，潛心探索，認為有價值的內容就抄錄下來，分類收藏。他是一位有正義感的青年，對殖民主義者的侵略和清朝的腐敗深惡痛絕，在本書序言中氣憤地說：「將不知兵，兵不用命，文吏以徇私取巧為能，武弁以退卻偷生倖免，而肉食者，復未能遠謀，一旦有警，則萬姓流離，四方震動，良可慨也。」清咸豐初年，他到福建做官，原想大幹一番事業，可到任一看，那裡「豪猾當權，賢能斂跡；兵無實用，餉盡虛縻；官弁傷亡，形同刈草；賊氛猖獗，勢等摧枯；有城莫守，有隘難防；進退張皇，上下粉飾」。他為了盡職報效朝廷，便想以著書來挽救敗局。於咸豐四年將平時累積的關於防守方面的軍事資料，重加刪訂，分類纂輯成《防守集成》，刻印三百部，「權為救時之助，以盡涓（捐）報之心」。

《防守集成》共十六卷，十六篇，附圖兩百餘幅，約十萬字。對於每篇的排列順序，編者動了一番腦筋，都有一定的依據，具有一定的邏輯性。編者認為，本書以講地方官弁防守土地為主，故以「城制」為卷首；有城不可無衛，故以「保衛」為卷二；既有城衛，不可不附民，故以「保甲」為卷三；既有民不可不教，故以「鄉團」為卷四；有城有民不可不足食，故以「積貯」為卷五；內事既備，外患不可不知，故以「烽堠」為卷六；既知敵至，又必先據地利，故以「設險」為卷七；險阻既固，又必預為困寇之術，故以「清野」為卷八；野既清，而城中需用之物不可不備，故以「需備」為卷九；各物具備，更需器械以資捍禦，故以「守器」為卷十；器械足資，則號令不可不明，故以「約束」為卷十一；令行必有禁止，故以「嚴禁」為卷十二；禁令嚴明，尤宜倍加謹慎，故以「慎防」為卷十三；布置周密，敵至臨時措之方可裕如，故以「措應」為卷十四；各項具備，最終目的是為守城，故以「城守」為卷十五；又恐怕當今不知武略的人，或以為本書為紙上談兵，空言無據，故以「引證」為卷十六。一至十五卷的體例相同，先有一段理論闡述，出自編者之手，是全書價值較高的內容。接著是羅列輯錄的有關資料。一至十四卷均附載有圖說，主要有城制圖、防禦工事圖、陣圖、防守器械圖、武器裝備圖、旗幟圖等。第十六卷「引證」系輯錄的從先秦至明代關於防守城池的戰例一百餘條。

全書除卷前一段序文外，主要是輯錄的資料，但也有編者補寫的內容，「編中有武備諸書所未及載者，乃不揣鄙陋，以補其缺。」由於本書所輯資料均未註明出處，編者補的內容也未註明，所以究竟那是編者補充的內容，難以分辨。

本書與同類書比較，在編纂方面有些特點，一是比較全面地輯錄了有關民防團練的內容，又刪去了繁衍的部分，比較簡練；二是注意揭露時弊，促進變革。編者在卷十五「城守」篇揭露當時官場，「文吏游談而養尊，武臣恬嬉而寶身。閒雅雍容之習成，而慷慨果銳之氣喪，一聞寇警，如澆冰水」。並聲言「因錄《城守》以救弊」。他還提出改革城制，學習西域城制，按營陣之法建城，大城包小城。這樣一城破，其他城猶存。三是為便於粗通文字的軍人學習，全書作了斷句。四是所繪陣圖，以兵器、旗幟代替抽象的符號，比較形象易懂。

《防守集成》成書於封建社會的末期，它所防禦的對象，除了外國侵略者及所謂土匪外，主要是防農民起義，所以在政治上有它反動的一面。但是從軍事的角度看，它所提出的一些防禦思想，還是有借鑑價值的。對於守與攻的關係，它提出「蓋欲善守，必明善攻。預知患端，方能捍患」，「欲戰必先守，欲守必先清野，欲清野必先堅壁。」（卷四《鄉團》）要以戰為守，積極防禦，「所謂守者，非徒閉門不出，可幸保全也。必按境內山川形勝，何處可扼要，令重兵屯守；何處可分據，令偏師犄角；何處可伏兵挫其先鋒；何處可遊兵，絕其糧道；何處可設機，以陷敵於死地。能以戰兼機術為守，則守固。斷不可遽閉城隅，自投絕路。故善守者，必先自立於不敗之地」。它還總結了一些守城的規律，如「三道」（正道、奇道、伏道），「五敗」（壯夫寡；小弱眾；城大而人少；糧少而人眾；蓄貨積於外；豪強不用命），「三可力守」（外有援兵；人士勁勇，芻粟豐備；城池完固，民人富實），「三可決戰」（外無援兵；人勁馬壯，兵甲堅利，儲蓄不備；城池不完，士民窮匱）等。對於各種防禦工事的修築標準，它提出要以是否有利於殺敵為準，「敵台、弩台，俱以殺敵為義，不能殺敵，無貴為台矣」。

該書有清咸豐四年刊本傳世。

《兵學新書》

徐建寅撰。徐建寅（一八四五—一九〇一），一名寅，字仲虎，江蘇無錫人。清末科學家徐壽之子。他「素有大志，抱負雄才遠略。在昔壯年時，苦志力學，久而彌篤，博聞強記，無書不讀，凡學必精。」（張羅澄《兵學新書序》）初在江南製造局與李善蘭、華蘅芳等翻譯西方自然科學書籍，後供職天津機器局，繼任山東機器局總辦、福州船政局提調。一八六六年在金陵機器局督煉鋼鐵和製造後膛槍。戊戌政變後調湖北，總辦全省營務，督辦保安火藥局。一九〇一年因試制無煙火藥失事，被炸死。

徐建寅於清光緒四年曾任駐德使館參贊，並赴英、法各國考察，「歷觀輪船軍械各廠，探討政治風俗，訪其議院及其軍操各程式」。（張羅澄《兵學新書序》）透過考察，使他認識到，世界上幾個軍事強國，「蔑棄禮讓，競尚暴戾，挾勢不論理，觀兵不耀德，角力爭雄，恃強凌弱，皆以戰勝攻取為其立國要圖。我中國若不君臣上下、通國人民合志同心，講求兵學，親之信之，尊之重之，則無以洽民心，強兵力，保國本，尊君權」。面對祖國積貧積弱、受人欺凌的局面，他發憤研究軍事，探討各國新法之精理，彙輯泰西諸書之精華，撰成《兵學新書》。

《兵學新書》又稱《兵法新書》，十六卷，附圖三百七十餘幅。卷一記哨隊官長操兵之法及一旗之制；卷二、卷三記旗哨官長操兵之法；卷四記營旗官操兵之法，並及一營步兵之制；卷五記統領分統布陣之法，示以進攻布置之程式，以及一軍之制，並總論用兵要訣；卷六為馬兵列陣運用及馬兵一旗一合營之制；卷七記砲兵操練、運用及砲兵一旗之制等；卷八為步、馬、炮合用之法，以及考徵古來戰事之要和調度方略之用；卷九為挑民兵、集民餉之制；卷十為糧餉、衣食之制，軍市、轉運之法；卷十一論槍炮軍械，皆取新法適用之件，其舊法粗笨及過於纖巧不適實用者，皆置不錄；卷十二論挖築溝牆，以明數十人至數萬人防守攻取之法；卷十三論行軍曠野，預備宿食之法；卷十四論造望台、築道路；卷十五論行軍、鐵路造築之法；卷十六論以鐵路運兵之章程及倉猝毀壞鐵路不資敵用等。其具體卷目如下：

❖ 卷一 旗初操（步兵）：一旗之制、練力、持槍、走陣、打靶、隊長、行路。

❖ 卷二 旗陣式：陣式、緊隊、散隊、放槍、估距、刃刺、旗哨官長。

❖ 卷三 旗運用：運用、總綱、住守、進攻、退回、拒馬兵、樹林、要隘、村鎮、堡牆、誘敵、劫襲、應急、巡護總論、行路巡護、住營巡護。

❖ 卷四 營陣式：營制、走陣、運用、進攻、住守、退回。

❖ 卷五 軍陣式：軍制、小軍運用、總論、綜要、號令。

❖ 卷六 馬兵：一旗之制、列陣運用、追敵、巡探。

❖ 卷七 砲兵：一旗之制、備放、進退、連炮箱車、走陣、雁行、魚貫、雁行改魚貫、魚貫改雁行、閱操官行過、運用。

❖ 卷八 綜要：步馬炮合用、考徵、方略、傷亡。

❖ 卷九 教訓：挑兵、召募、編營、集餉、教訓、弁兵學、將官學、辦事官、中軍官、弁兵學（奥國）、將官學、升遷、辦事官、罪罰。

❖ 卷十 糧餉：俸餉、餉簿、衣食、軍市、游息、轉運。

❖ 卷十一 軍械：總論、洋槍、毛瑟、漫利夏、馬槍、炮論、快炮。

❖ 卷十二 溝牆：總論、急築、暫築、土器、用法、全軍、大軍、鎮堡、卡牆、矮牆、卡門、藥彈房。

❖ 卷十三 宿食：住宿、遮風、卡棚、草荐、坑廁、暫屋、馬棚、久屋、印度兵屋、飲食、提水潔淨、濾水、起水、炊煮。

❖ 卷十四 台路：望台、簡便測量、築路。

❖ 卷十五 鐵路：鐵路軍工、鋪軌、鋪軌人器、叉交路、停車場、號令、各數。

❖ 卷十六 運兵毀路：運兵、修整、拆毀、街軌、橋樑、溝軌、土路汽車。

《兵學新書》，「採集各國軍政，實事求是，擇精語詳，自募選訓練，以及布陣運用，下至軍士起居飲食之微，凡軍所需與一切有關於軍者，無不繪圖細說」。尤其是記述了當時先進的軍事技術及其先進的科學技術如鐵路電報等在軍事上的應用。但是，「不載吉凶占驗諸異說，可謂集近時兵學之大成，得古今教民之深意矣」。全書內容比較豐富，也反映了編纂者的軍事思想。

對於當時何為國家的急務，著者認為，「救世之策，莫若兵學為先」。他提出，維新之政端在富強，富強之基始於學問。設學堂以培才，講工商以致富，這是正常的道路。但是，唯中國積弱之名已布四鄰，覬覦之心日亟，如果是等待人才學成以後再致富，致富以後才自強，那就好像是從容拯溺，揖讓拒寇。即使能致富，也必然是慢藏誨盜，益啟戎心，勢弱氣消，阽危立待。他並打比喻說：「若不先講兵學，力圖強兵，則設學堂以培才，考工商以致富，不啻勤於稼穡留為四鄰之儲積；力於南畝以待盜賊之收穫，洵足懼也。」他得出的結論是，欲圖存須自強，欲自強須備戰，備戰必練兵，練兵以御外侮。而要練兵禦侮，還必須上下一心，團結一致，調整好國家與軍隊、君主與民眾的關係。所以，他又進一步指出：「兵以衛國，國以庇民，民以尊君，君以治兵。國能自立，民以得安，民皆當兵，國以自立。兵與民，民與君，君與國，國與民，互相連合而不離，君臣上下，通國民人，心志相孚，聲息相通，一德一心，雖欲不強不可得矣。欲得君臣庶民聲自相通，心志相孚，非詳訂議章，設立議堂，講求兵學，選練民兵，難臻禦侮之功，而期自立之效也。」

在訓練方面，一是主張訓練方法要隨著武器裝備和作戰方式的改變而改變。指出，「今之陸戰與昔異，故操練亦因之而異」，「改易古法，每戰必勝」，「布奧之役，用後膛槍，故步兵陣式，已有更改，及布法之役，布之親兵全軍。在聖潑裡伐，仍泥舊法，大受法兵快槍之害。昔時步兵不顧敵槍炮之擊，而猛進以槍刃衝刺，為長技，泥此而遇新式快槍之擊，為害甚大」。二是重視諸兵種協同訓練。提出「步馬炮三兵合用，需求各盡其長，要在善擇妥便地勢，以得展布所長」的協同原則，並認為，「戰陣始終專以步兵為主，馬炮二兵，僅以為輔助」。三是主張實地訓練和練為實戰。指出，練習要隘防禦和進攻作戰，「必至實有要隘之處，先操駐守，後操進攻，交互練習」。而訓練又必須把重點放在臨戰運用上，「行走陣式既熟，當習臨戰之運用。古來名將，近時兵書，皆言臨戰不可徒拘教場、初操行走陣式之板法，必以多營合操臨戰之運用，則一旦疆場有事，方能制勝克敵」。四是重視訓練中的群眾紀律。指出，「村鎮不便藉以操練，恐擾及居民也。僅可率領哨官及哨隊長，常往各村鎮，觀看形勢，指示以將來臨戰遇此應如何運用，並使知攻守俱以邊際為最要，不帶兵丁，免驚民人」。五是反對依靠洋人訓練軍隊，主張起用中國有志之士當教官。他認為，召募外洋將作為教官，「語言不通，情意未達，學其外貌，遺其精義，知其一而漏其萬，及至有事於彼之時，外洋將弁例皆告退。平時徒費巨款，僅得粗淺皮毛，戰時全不得用。」所以，「非集中國有志之士自行講求兵學之精義，必不能訓練兵士，使成勁旅」。

在兵役制度方面，提出了抽丁之制。即每二百壯丁抽一人為兵，其他壯丁每人日出一文錢供養這一兵。三年期滿復員回家，仍操舊業。一有戰事，可按籍召回軍隊。全國按二十二行省計，可得兵四十餘萬人。他認為，這樣做，既可節省國家養兵之費，民眾負擔又不會過重，「國家防禦有資，民間治生不害，煩苛免而民樂從，國用充而精銳成」。他還提出了兵制與學堂相輔而行，文武合一的主張。認為，「欲通國士民，學問精妙，要在通國士民，人皆當兵，方能無人不力學。蓋兵制與學堂相輔而行，武備即學問，學問即武備，兩相附麗不能分，亦不可分。分之國貧且弱，合之國富且強，必學問深而武備始精。學問既深，將弁兵丁，無一不各盡其職。於是通其學問，以及士農商工，政治風教，自能漸漬相化，莫不精誠核實，而通國臣民，自皆奮勉鼓勵矣。數十年來，西德、東倭，勃然以興，皆由此道也。士民人營三年，五日不致力於學問，三年期滿，學邃品端，在營即為精兵，回家即為君子」。

《兵學新書》以新的內容和新的思想為古老的中國兵學注入了新的血液。它刊印於戊戌維新之時，對於當時的資產階級改良運動，尤其是軍事改革，具有重要現實意義。當然，它還不可避免地打著封建思想的印記，如多次申明「尊君權」、「尊我君」等。《兵學新書》流傳不廣，僅見有清光緒二十四年刊本。

《兵學新書》

電子書購買

國家圖書館出版品預行編目資料

善戰者不敗：《六韜》、《孫子兵法》、《虎鈐經》、《三十六計》，從先秦到明清，30 部中國兵書，古代的戰爭生存之術 / 岳展騫，林之滿，蕭楓編著 . -- 第一版 . -- 臺北市：崧燁文化事業有限公司 , 2023.03

面；　公分

POD 版

ISBN 978-626-357-153-2(平裝)

1.CST: 兵法 2.CST: 兵學 3.CST: 中國

592.09　　112000941

善戰者不敗：《六韜》、《孫子兵法》、《虎鈐經》、《三十六計》，從先秦到明清，30 部中國兵書，古代的戰爭生存之術

臉書

編　　著：岳展騫，林之滿，蕭楓

發 行 人：黃振庭

出 版 者：崧燁文化事業有限公司

發 行 者：崧燁文化事業有限公司

E-mail：sonbookservice@gmail.com

粉 絲 頁：https://www.facebook.com/sonbookss/

網　　址：https://sonbook.net/

地　　址：台北市中正區重慶南路一段六十一號八樓 815 室

Rm. 815, 8F., No.61, Sec. 1, Chongqing S. Rd., Zhongzheng Dist., Taipei City 100, Taiwan

電　　話：(02) 2370-3310　　　傳　　真：(02) 2388-1990

印　　刷：京峯彩色印刷有限公司（京峰數位）

律師顧問：廣華律師事務所 張珮琦律師

定　　價：320 元

發行日期：2023 年 03 月第一版

◎本書以 POD 印製